Advanced Deep Learning with R

基于R语言的高级深度学习

[美] 巴拉坦德拉·拉伊（Bharatendra Rai） 著

刘继红　张　强　译

中国电力出版社
CHINA ELECTRIC POWER PRESS

内 容 提 要

本书将通过高级示例帮助读者应用 R 语言实现深度学习算法。它涵盖了各种神经网络模型，如人工神经网络、卷积神经网络、循环神经网络、长短期记忆网络和其他采用专家技术的模型。在阅读本书的过程中，读者将利用 Keras-R、TensorFlow-R 等流行的深度学习库来实现人工智能模型。

本书的目标读者是希望增长技能和知识以便借助 R 语言应用深度学习技术和算法的数据科学家、机器学习从业人员、深度学习研究人员以及人工智能爱好者。对机器学习的深刻理解和 R 编程语言的应用知识是必需的。

图书在版编目（CIP）数据

基于 R 语言的高级深度学习 /（美）巴拉坦德拉·拉伊（Bharatendra Rai）著；刘继红，张强译. —北京：中国电力出版社，2023.1
书名原文：Advanced Deep Learning with R
ISBN 978-7-5198-7067-6

Ⅰ. ①基⋯ Ⅱ. ①巴⋯ ②刘⋯ ③张⋯ Ⅲ. ①机器学习 Ⅳ. ①TP181

中国版本图书馆 CIP 数据核字（2022）第 178003 号

北京市版权局著作权合同登记 图字：01-2020-2469

出版发行：中国电力出版社
地　　址：北京市东城区北京站西街 19 号（邮政编码 100005）
网　　址：http://www.cepp.sgcc.com.cn
责任编辑：刘　炽（liuchi1030@163.com）
责任校对：黄　蓓　常燕昆
装帧设计：王红柳
责任印制：杨晓东

印　　刷：望都天宇星书刊印刷有限公司
版　　次：2023 年 1 月第一版
印　　次：2023 年 1 月北京第一次印刷
开　　本：787 毫米×1092 毫米　16 开本
印　　张：19
字　　数：396 千字
印　　数：0001—2000 册
定　　价：88.00 元

前　　言

深度学习是机器学习的一个分支，它基于一套尝试建立数据高级抽象模型的算法。本书将帮助读者了解流行的深度学习架构及其用 R 语言实现的变体，并提供实际示例。

本书将通过高级示例帮助读者应用 R 语言实现深度学习算法。它涵盖了各种神经网络模型，如人工神经网络、卷积神经网络、循环神经网络、长短期记忆网络和其他采用专家技术的模型。在阅读本书的过程中，读者将利用 Keras-R，TensorFlow-R 等流行的深度学习库来实现人工智能模型。

本书的目标读者

本书的目标读者是希望增长技能和知识以便借助 R 语言应用深度学习技术和算法的数据科学家、机器学习从业人员、深度学习研究人员以及人工智能爱好者。对机器学习的深刻理解和 R 编程语言的应用知识是必需的。

本书涵盖的内容

第 1 章，*深度学习架构与技术*，概述全书涵盖的深度学习技术。

第 2 章，*多类分类问题的深度神经网络*，介绍应用深度学习网络解决二元和多类分类问题的必要步骤。这些步骤使用一个胎儿心电图数据集进行说明，包括数据准备、一次独热编码、模型拟合、模型评价和预测。

第 3 章，*回归问题的深度神经网络*，介绍如何开发数值型响应的预测模型。本章以波士顿房价数据集为例，介绍数据预处理、模型构建、模型拟合、模型评价以及模型预测等步骤。

第 4 章，*图像分类与识别*，借助一个简单示例，介绍利用 Keras 包如何实现基于深度学习网络的图像分类和识别。相关步骤包括分析图像数据、调整图像的大小与形状、一次独热编码、开发序列模型、编译模型、拟合模型、评价模型、预测以及基于混淆矩阵的模型性能评估。

第 5 章，*基于卷积神经网络的图像分类*，以一个简单的实例，介绍应用卷积神经网络解决图像分类与识别问题的步骤。卷积神经网络是一种流行的深度神经网络，被认为是大规模图像分类问题的黄金标准。

第 6 章，*基于 Keras 的自编码器神经网络应用*，介绍基于 Keras 的自编码器神经网络的应用步骤。所用实例说明了获取图像输入、利用自编码器训练图像以及重建图像等主要步骤。

第 7 章，*基于迁移学习的小数据图像分类*，介绍迁移学习在图像识别的应用。相关步骤包括数据预处理、Keras 中深层学习网络的定义、模型训练和模型评估。

第 8 章，*基于生成对抗网络的图像生成*，介绍应用生成对抗网络生成新图像的方法及其实例。图像分类的步骤包括图像数据预处理、特征提取、RBM 模型开发以及模型性能评估。

第 9 章，*文本分类的深度学习网络*，介绍利用深度学习网络解决文本分类问题的步骤，并用简单例子加以说明。文本数据，如客户评论、产品评价和电影评论等，在业务中发挥着重要作用，文本分类是重要的深度学习问题。

第 10 章，*基于循环神经网络的文本分类*，借助一个实例，介绍应用循环神经网络解决图像分类问题的步骤。相关步骤包括数据准备、循环神经网络模型定义、模型训练以及模型性能评价。

第 11 章，*基于长短期记忆网络的文本分类*，介绍应用长短期记忆神经网络解决情感分类问题的步骤。相关步骤包括文本数据准备、长短期记忆网络模型构建、模型训练以及模型评估。

第 12 章，*基于卷积循环神经网络的文本分类*，介绍如何应用卷积循环神经网络解决新闻分类问题。相关步骤包括文本数据准备、Keras 中卷积循环神经网络模型的定义、模型训练以及模型评估。

第 13 章，*提示、技巧和展望*，讨论深度学习应用展望和最佳实践。

利用本书的必要准备

以下是关于如何充分利用本书的几点想法：

本书所有示例均使用 R 代码。因此，在开始阅读本书之前，读者应该具有 R 语言的良好基础。正如孔子所说的：“闻之我也野，视之我也饶，行之我也明（我听，我忘记；我见，我记住；我做，我理解）。”本书也是如此。在阅读本书各章节的同时实际编写相应的代码对于理解深度学习模型非常有用。

本书所有代码均已在具有 8GB RAM 的 Mac 计算机上成功运行过。但是，如果读者使用的数据集比本书用于说明的数据集大得多，则可能需要更强大的计算资源来开发深度学习模型。另外，具有良好的统计方法基础也大有裨益。

下载示例代码文件

读者可以通过自己在 www.packt.com 的账户下载本书的示例代码文件。如果你在别处购买了本书，可以访问 www.packtpub.com/support，在注册后便可得到通过电子邮件直接发送的文件。

读者可以通过以下步骤下载示例代码文件：

（1）登录或在 www.packt.com 上注册。

（2）选择"**Support**"标签。

（3）点击"**Code Downloads**"（代码下载）按钮。

（4）在 **Search**（搜索）框中输入本书书名，然后按照屏幕指令操作。

一旦完成文件下载，请用以下最新版本工具进行文件解压或提取：

● Windows 系统：WinRAR/7-Zip。

● Mac 系统：Zipeg/iZip/UnRarX。

● Linux 系统：7-Zip/PeaZip。

本书的代码包也存放在 GitHub 上，网址为 https://GitHub.com/PacktPublishing/Advanced-Deep-Learning-with-R。如果代码有更新，那么 GitHub 库中的代码也会同步更新。

本书还提供了配套丰富书籍和视频的其他代码包，可从 https://github.com/PacktPublishing/ 获得。敬请查阅！

下载彩色插图

本书提供了一份 PDF 文件，其中包含本书用到的截屏或图表的彩色图片。读者可从 https://static.packt-cdn.com/downloads/9781789538779_ColorImages.pdf 下载。

文本格式约定

本书采用以下若干文本格式约定。

CodeInText：表示代码文本、数据库表名、文件夹名、文件名、文件扩展名、路径名、虚拟 URL、用户输入以及推特用户名（Twitter handle）。例如，"我们存储将模型拟合成 model_three 时的损失和准确率"。

一段代码设置如下：

```
model %>%
    compile(loss = 'binary_crossentropy',
    optimizer = 'adam',
    metrics = 'accuracy')
```

Bold：（粗体）表示新概念、关键词或者出现在屏幕上菜单或对话框里的词。例如，"**循环神经网络（RNN）**非常适合处理涉及这类序列的数据。"

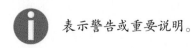 表示警告或重要说明。

 表示提示或技巧。

联系方式

欢迎读者积极反馈。

一般反馈：如果读者对本书的任何方面有问题，可以在邮件主题中注明书名，反馈至邮箱 customercare@packtpub.com。

勘误：虽然我们已尽力确保著作内容的准确性，但错误仍难以避免。如果读者发现书中错误，烦请告知。请访问 www.packtpub.com/support/errata，选定图书，点击"勘误提交表格"链接，填入具体信息。

盗版：如果读者在互联网上发现我们的图书被以任何形式非法复制，烦请告知网址或网站名。请通过 copyright@packt.com 联系我们，并提供盗版材料的链接。

如果愿意成为作者：如果读者有熟悉的主题而且愿意写书或参与出书，请访问 authors.packtpub.com。

撰写书评

请读者留言评论。如果你读过或使用过本书，何不在你购书处留下宝贵的意见？潜在的读者将会看到并根据你公正客观的评论意见，决定是否购书。我们也能了解你对我们产品的想法，而我们的作者能够获悉你对他们著作的反馈。不胜感激！

更多有关 Packt 的信息，请访问 packt.com。

目　　录

第二部分　预测与分类问题的深度学习

第三部分　面向计算机视觉的深度学习

第五部分　未　来　展　望

第一部分　深度学习基础

本部分包含一章内容，主要介绍用 R 语言实现的深度学习。本部分概述了深度学习网络的开发过程，回顾了流行的深度学习技术。

本部分包含以下章节：

- 第 1 章　深度学习架构与技术。

第 1 章　深度学习架构与技术

深度学习是使用人工神经网络的更广泛的机器学习和人工智能领域的分支。深度学习方法的主要优点之一是，它们有助于捕捉数据中存在的复杂关系和模式。当关系和模式不是很复杂时，传统的机器学习方法可以发挥作用。但是，随着有助于生成和处理越来越多的非结构化数据（如图像、文本和视频）的技术的出现，深度学习方法变得越来越流行，因为它们几乎是处理此类数据的默认选择。计算机视觉和**自然语言处理**（natural language processing，NLP）在许多领域都有着广泛的应用，如无人驾驶汽车、语言翻译、计算机游戏，甚至新艺术作品的创作。

在深度学习的工具包里，还在不断增加可以应用于特定类型任务的神经网络技术。例如，开发图像分类模型时，一种称为**卷积神经网络**（convolutional neural network，CNN）的特殊类型的深度学习网络，已被证明能够有效地捕获图像相关数据中存在的独特模式。类似地，另一种称为**循环神经网络**（recurrent neural network，RNN）的流行的深度学习网络及其变体，在处理涉及单词或整数序列的数据时效果上佳。还有一种称为**生成对抗网络**（generative adversarial network，GAN）的流行且有趣的深度学习网络，能够生成新的图像、语音、音乐或艺术品。

本书将使用 R 语言实现的这些以及其他流行的深度学习网络。每一章都将提供一个完整的示例，这些示例都是专门为在普通的笔记本电脑或计算机上运行而开发的。其主要思想是，在应用深度学习方法的第一阶段，应避免被需要高级计算资源的大量数据所困扰。读者将能够使用本书中的示例来复习所有步骤。使用的示例还包括每个主题的最佳实践，读者会发现它们很有用。读者还将发现，动手实践有助于在面对新问题而尝试复用这些深度学习方法时快速了解全局。

本章总览本书将要用到的用 R 语言实现的深度学习方法。

具体而言，本章涵盖以下主题：

- R 语言实现的深度学习。
- 深度学习网络模型的开发过程。
- R 语言和 RStudio 实现的深度学习技术。

1.1 R 语言实现的深度学习

本节首先介绍深度学习网络的普及程度,并介绍本书使用的一些重要的 R 软件包的版本。

1.1.1 深度学习发展趋势

深度学习技术利用基于神经网络的模型。在过去几年中,人们对它越来越感兴趣。在谷歌趋势网站上输入搜索词 **deep learning**(深度学习),结果如图 1.1 所示。

图 1.1 以 100 作为搜索词的最高欢迎程度,而其他数值都是这个最高点的相对值。由图 1.1 可见,大致从 2014 年开始,人们对"深度学习"一词的兴趣逐渐增大。最近两年,人们对它的关注程度达到了顶峰。深度学习网络流行的原因之一是有了免费的开源库 TensorFlow 和 Keras。

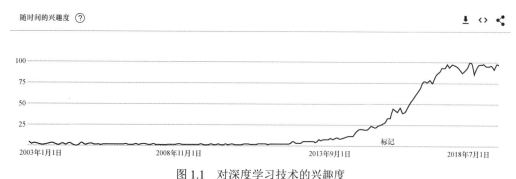

图 1.1 对深度学习技术的兴趣度

1.1.2 R 软件包的版本

本书将使用 Keras R 软件包,它利用 TensorFlow 作为构建深度学习网络的后端。以下代码是用于本书示例的典型 R 会话的输出,它提供了与版本有关的各种信息:

```
# Information from a Keras R session
sessionInfo()

R version 3.6.0 (2019-04-26)
Platform: x86_64-apple-darwin15.6.0 (64-bit)
Running under: macOS 10.15
```

```
Matrix products: default
BLAS:
/System/Library/Frameworks/Accelerate.framework/Versions/A/Frameworks/vec
Li
b.framework/Versions/A/libBLAS.dylib
LAPACK:
/Library/Frameworks/R.framework/Versions/3.6/Resources/lib/libRlapack.dyl
ib

Random number generation:
 RNG: Mersenne-Twister
 Normal: Inversion
 Sample: Rounding

locale:
[1]en_US.UTF-8/en_US.UTF-8/en_US.UTF-8/C/en_US.UTF-8/en_US.UTF-8

attached base packages:
[1] stats graphics grDevices utils datasets methods base

other attached packages:
[1] keras_2.2.4.1

loaded via a namespace (and not attached):
  [1] Rcpp_1.0.2 lattice_0.20-38 lubridate_1.7.4 zeallot_0.1.0
  [5] grid_3.6.0 R6_2.4.0 jsonlite_1.6 magrittr_1.5
  [9] tfruns_1.4 stringi_1.4.3 whisker_0.4 Matrix_1.2-17
  [13] reticulate_1.13 generics_0.0.2 tools_3.6.0 stringr_1.4.0
  [17] compiler_3.6.0 base64enc_0.1-3 tensorflow_1.14.0
```

　　如前所述,本书使用了 2019 年 4 月发布的 R 3.6 版本。这个 R 版本的昵称是植树(Planting of a Tree)。Keras 包使用的版本是 2.2.4.1。此外,本书的所有应用示例均已在 8GB RAM 的 Mac 计算机上运行过。使用此规格计算机的主要原因是,它允许读者浏览所有示例,而不需要高级计算资源就可以开始使用本书介绍的任何深度学习网络。

下一节将讨论深度学习网络模型的开发过程。

1.2　深度学习网络模型的开发过程

深度学习网络模型的开发过程分成如图 1.2 所示的五个步骤。

图 1.2 中提到的每个步骤，根据使用数据的类型、开发的深度学习网络的类型以及模型开发的主要目标，要求会有所不同。下面将逐一介绍各个步骤的基本内容。

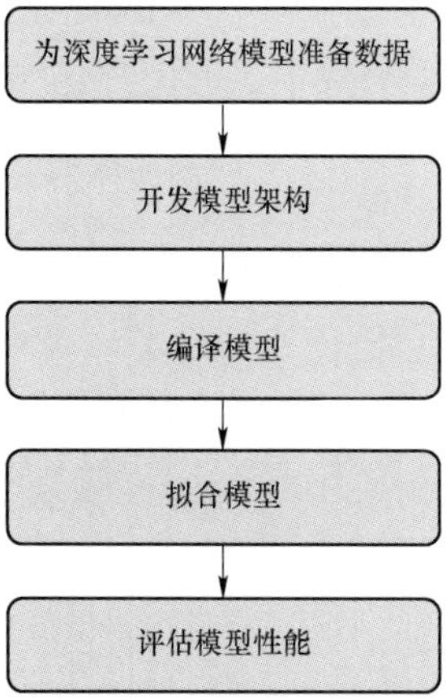

1.2.1　为深度学习网络模型准备数据

图 1.2　深度学习网络模型的开发过程

开发深度学习网络模型要求变量具有一定的格式。自变量可能具有不同的标度，其中有些变量值以小数为单位，而其他变量则以千为单位。训练网络时，使用不同标度的变量不是很有效。在开发深度学习网络之前，需要做一些更改，使变量具有相似的标度。这个实现过程称为归一化（normalization）。

常用的两种归一化方法是 z 分数归一化和最小－最大归一化。z 分数归一化是从每个值中减去平均值，然后除以标准偏差。这个转换所产生的值介于 −3 和 +3 之间，平均值为 0，标准偏差为 1。最小－最大归一化则是从每个数据点中减去最小值，然后除以区间。这个转换产生的值介于 0 到 1 之间。

例如，如图 1.3 所示，从正态分布中随机获得 10 000 个数据点，其平均值为 35，标准偏差为 5。

由图 1.3 可见，经过 z 分数归一化处理后，数据点大多分布在 −3 和 +3 之间。类似地，经过最小－最大归一化处理后，数据点值的范围则变成了 0 和 1 之间。但是，无论哪种类型的归一化处理，原始数据的整体模式都保留了下来。

在使用分类响应变量（categorical response variable）时，准备数据的另一个重要步骤是独热编码（one-hot encoding）。独热编码将分类变量转换为具有 0 或 1 值的新二进制格式。使用 Keras 提供的 to_categorical() 函数可以很容易地实现这一点。

通常，与处理结构化数据的情况相比，处理非结构化数据（如图像或文本）的步骤更为复杂。此外，数据准备步骤的内容会因数据类型而异。例如，为开发深度学习分类模型准备图像数据的方式很可能与为开发电影评论情感分类模型准备文本数据的方式大不相同。但是，需要注意的一点是，在使用非结构化数据开发深度学习模型之前，首先需要将数据转换为结构化格式数据。图 1.4 给出了将非结构化图像数据转换为结构化格式数据的示例,该示例使用了手写数字 5 的图片。

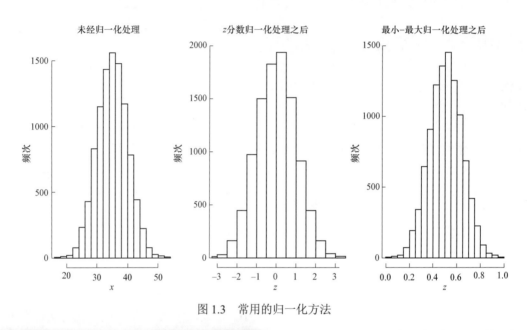

图 1.3　常用的归一化方法

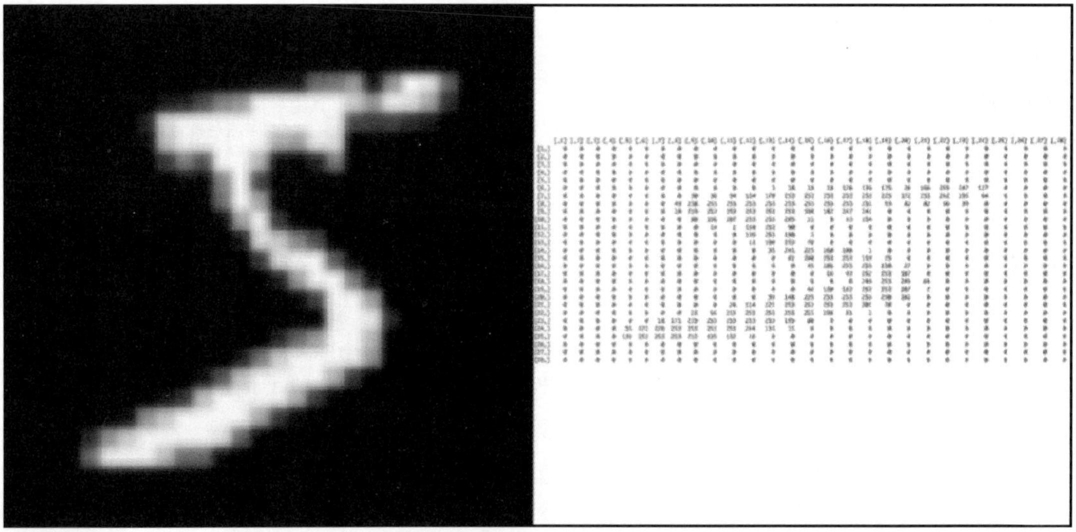

图 1.4　非结构化图像转换为结构化数据的示例

由图 1.4 可见，当读取一个包含黑白手写数字 5 的大小为 R 语言 28×28 维的图像文件时，图像被转换为行和列中的数字，从而得到一种结构化的格式数据。图 1.4 的右侧展示了 28 行和 28 列的数据。数据表格主体的数字是从 0 到 255 的像素值，其中 0 值表示图片中的黑色，而 255 则表示图片中的白色。开发深度学习模型时，需要使用这样从图像数据导出的某种形式的结构化数据。

用于开发模型的数据一旦以所需的格式准备妥当，就可以开发模型架构。

1.2.2　开发模型架构

开发模型架构需要定义各种项目，如网络的类型和层数、激活函数的类型、网络使用的单元或神经元的数量，以及与数据相关的输入/输出值。使用 Keras 在 R 中指定简单序列模型架构的示例以下代码所示。

```
# Model architecture
model <- keras_model_sequential()
 model %>%
 layer_dense(units = 8, activation = 'relu', input_shape= c(21)) %>%
 layer_dense(units = 3, activation = 'softmax')
```

请注意，序列模型架构允许逐层进行开发。在前面的代码中，两层密集连接的网络被添加入序列模型架构。选择模型架构的两项重要决策涉及层的数量和类型以及各层所用激活函数的类型。层的数量和类型取决于数据的性质和复杂性。对于一个全连通网络（也称多层感知器），可以借助 Keras 的 layer_dense 函数使用密集层。

另外，处理图像数据时，可能会借助 layer_conv_2d 函数在网络中使用卷积层。接下来的各章将通过示例讨论具体模型架构的详细内容。

深度学习网络可以采用不同类型的激活函数。修正线性单元（relu）是一种常用的隐藏层激活函数，其计算非常简单。如果输入为负数，它将返回 0 值；对于其他输入，则返回原值。以下面这段代码作为示例：

```
# RELU function and related plot
x <- rnorm(10000, 2, 10)
y <- ifelse(x<0, 0, x)
par(mfrow = c(1,2))
hist(x)
plot(x,y)
```

该段代码从正态分布中生成 10 000 个随机数，其均值为 2，标准偏差为 10，结果存储在 x 中；然后将负值改为 0，存储在 y 中。x 的直方图以及 x 和 y 的散点图如图 1.5 所示。

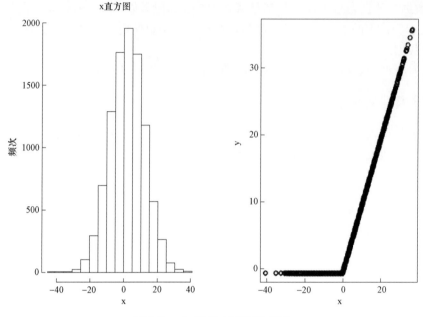

图 1.5　relu 的直方图和散点图

从图 1.5 中的直方图可见，x 既有正值，也有负值。表现 x 原始值和负值转换为 0 值后得到的 y 修正值的散点图则展示了 relu 激活函数的效果。在散点图中，x = 0 左侧的数据点是平坦的，斜率为零；x = 0 右侧的数据点则呈现标准的线性状，斜率为 1。

使用 relu 激活函数的一个主要优点是计算简单。对于开发深度学习网络模型而言，这是一个重要的因素，因为它有助于降低计算成本。因此，relu 被许多深度学习网络用作默认的激活函数。

用于开发深度学习网络的另一种流行的激活函数是 softmax，它通常用于网络的外层。下面这段代码有助于更好地理解这个激活函数。

```
# Softmax function and related plot
x <- runif(1000, 1, 5)
y <- exp(x)/sum(exp(x))
par(mfrow=c(1,2))
hist(x)
plot(x,y)
```

这段代码从在 1 到 5 之间的均匀分布随机抽取了 1000 个样本值。要使用 softmax 函数，可以将每个输入值 x 的指数除以 x 的指数值之和。x 的直方图以及 x 和 y 的散点图如图 1.6 所示。

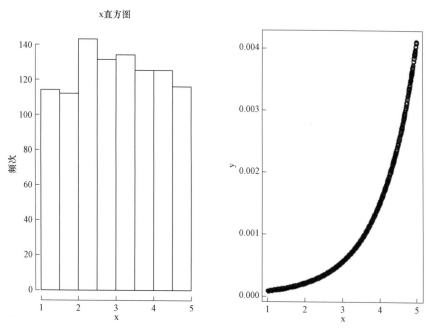

图 1.6　softmax 的直方图和散点图

由图 1.6 可见，直方图为所有 x 值提供了一个近似相同的模式。而 softmax 函数的影响则体现在散点图上，此时输出值落在 0 和 1 之间。这种转换对于根据概率来解释结果非常有用，因为现在的值具有以下特点：

- 介于 0 和 1 之间。
- 概率的总和是 1。

softmax 激活函数可以用概率来解释结果，这使它成为开发深度学习分类模型时的一般选择。无论是用于图像分类问题还是文本分类问题，它都能很好地工作。

除了这两个激活函数外，还可以利用其他可能更适用于特定深度学习模型的激活函数。

一旦指定了要使用的模型架构，下一步就是编译模型。

1.2.3　编译模型

编译模型通常涉及指定损失函数、选择优化器以及指定采用的度量指标。但是，这些选择取决于要解决的问题的类型。下一段代码是编译深度学习二元分类模型的 R 示例。

```
model %>%
    compile(loss = 'binary_crossentropy',
    optimizer = 'adam',
    metrics = 'accuracy')
```

其中，指定的损失函数为 binary_crossentropy，用于响应变量有两个类时的情况。二值交叉熵可使用下式计算：

$$-y \times \log(yhat) - (1-y) \times \log(1-yhat)$$

式中：y 为实际类；$yhat$ 为预测概率。

考虑使用以下代码的两个示例：

```
# Example-1
y <- c(0, 0, 0, 1, 1, 1)
yhat <- c(0.2, 0.3, 0.1, 0.8, 0.9, 0.7)
(loss <- - y*log(yhat) - (1-y)*log(1-yhat))
[1] 0.2231436 0.3566749 0.1053605 0.2231436 0.1053605 0.3566749


mean(loss)


[1] 0.228393


# Example-2
yhat <- c(0.2, 0.9, 0.1, 0.8, 0.9, 0.2)
(loss <- - y*log(yhat) - (1-y)*log(1-yhat))

[1] 0.2231436 2.3025851 0.1053605 0.2231436 0.1053605 1.6094379


mean(loss)


[1] 0.761505
```

示例 1 总共有六种情况用 y 表示，其中前三种情况表示实际类为 0，后三种情况表示实际类为 1。由 yhat 求得的预测概率是某种情况属于类别 1 的概率。在示例 1 中，yhat 值正确地分类了所有六种情况，所有损失的平均值约为 0.228。在示例 2 中，yhat 值只正确地分类了四种情况，所有损失的平均值增加到约 0.762。这种二值交叉熵损失函数有助于评估模型的分类性能。损失越低，模型的分类性能越好；损失越高，模型的分类性能越差。

根据正在开发的深度学习网络的问题类型，还可以使用其他各种损失函数。对于响应变量多于两类的分类模型，可以使用 categorical_crossentropy 损失函数。对于具有数值响应变量的回归问题，均方误差（mse）可能是一个合适的损失函数。

在指定模型要使用的优化器时，adam（adaptive moment optimization，自适应矩优化）是深度学习网络的一个流行选择，在很多情况下都能得到很好的结果。其他常用的优化器包括rmsprop 和 adagrad。在训练深度学习网络时，根据损失函数得到的反馈对网络参数进行修正。如何修改参数取决于使用哪种优化器。因此，选择合适的优化器对于获得合适的模型非常重要。

在编译模型时，还要指定一个合适的度量指标，用于监控训练过程。对于分类问题，accuracy（准确率）是最常用的指标之一。对于回归问题，平均绝对误差是一个常用的度量指标。

编译模型后，便可以开始拟合模型。

1.2.4　拟合模型

利用数据对模型进行拟合或训练。用于拟合分类模型的代码示例如下：

```
model %>%
 fit(training,
   trainLabels,
   epochs = 200,
   batch_size = 32,
   validation_split = 0.2)
```

这段代码中的模型拟合包括 training 和 trainLabels，前者是自变量的数据，后者是响应变量的标签。epochs 专门指定训练过程所用的训练数据的所有样本的迭代次数。batch size 是指使用的训练数据中的样本数，之后将更新模型参数。此外，这段代码还指定了验证数据分割比例，代码中 0.2 或 20%分割意味着来自训练数据的最后 20%的样本不参与训练过程，而是用于模型性能评估。

在拟合模型时，网络中的不同层会随机初始化权重。因此，如果用相同的数据、相同的架构和相同的设置再次拟合模型，也将得到略有不同的结果。不论是在 R 的不同会话中，还是在模型再次训练时的同一会话中，都会出现这种情况。

在很多情况下，获得可重复的结果是很重要的。例如，在同行评审的国际期刊上发表一篇与深度学习相关的文章时，可能需要根据审阅者的反馈从同一模型中生成更多的示例。还有一种情况是，同一个项目的工作团队可能希望与团队中的其他成员共享模型和结果。从模型中获得相同结果的最简单方法是利用以下代码保存模型，然后重新加载模型。

```
# Save/reload model
save_model_hdf5(model,
 filepath,
 overwrite = TRUE,
 include_optimizer = TRUE)
model_x <- load_model_hdf5(filepath,
 custom_objects = NULL,
 compile = TRUE)
```

可以通过指定 filepath 来保存模型，然后在需要时重新加载。保存模型可以保证在再次使用模型时获得可重复的结果。也可以与其他人共享相同的模型，这些人可以获得完全相同的结果，并在每次运行都需要大量时间的情况下提供帮助。保存并重新加载模型可以在再次训练模型时恢复训练过程。

一旦模型拟合完成，就可以使用训练数据和测试数据评估模型性能。

1.2.5　评估模型性能

评估深度学习分类模型的性能需要开发一个混淆矩阵，该矩阵将实际类和预测类的预测汇集在一起。例如，假设已经开发了一个分类模型，将研究生院申请人分为两类，其中 0 类是指没被接受的申请，1 类是指已经接受的申请。这种情况下的混淆矩阵示例如图 1.7 所示，用于说明关键概念。

在图 1.7 所示的混淆矩阵中，有 208 名申请人实际上没有被录取，并且模型还正确地预测了他们不应该被录取。混淆矩阵中的这个单元格被称为**真**

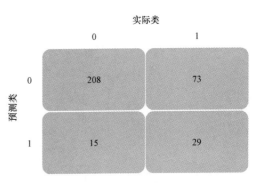

图 1.7　混淆矩阵示例

阴（true negative）。同样地，有 29 名申请者实际被录取，模型也正确预测了他们应该被录取。混淆矩阵中的这个单元格被称为**真阳**（true positive）。还有一些数字单元格，表明模型产生的不正确的申请人分类结果。有 15 名申请者实际上并没有被录取，但是模型错误地预测他们应该被录取，这个单元格被称为**假阳**（false positive）。错误地将类别 0 分类为属于类别 1 的另一个名称是类型 1 错误。最终，有 73 名申请者实际被录取，但模型错误地预测他们属于不被录取的类别，这个单元格被称为**假阴**（false negative）。这种不正确分类的另一个名称是类型 2 错误。

根据混淆矩阵，可以对对角线上的数字求和再除以总数，计算得到分类性能的准确率。因此，基于上述矩阵的准确率为（208+29）/（208+29+73+15），即 72.92%。除了准确率之外，还可以求得模型正确分类每一类的性能。可以计算出正确分类 1 类的准确率［也称敏感度（sensitivity）］，为 29/（29+73），或 28.4%。同样地，可以计算正确分类 0 类的准确率（也称特异性）为 208/（208+15），即 93.3%。

请注意，开发分类模型时可以使用混淆矩阵。但是，其他情况可能需要其他合适的方法来评估深度学习网络。

接下来简单地介绍一下本书中涉及的深度学习技术。

1.3　R 语言和 RStudio 实现的深度学习技术

深度学习中的"**深度**"一词参照的是一种具有多层结构的神经网络模型，"**学习**"是借助数据完成的。根据使用数据的类型，深度学习可分为两大类，如图 1.8 所示。

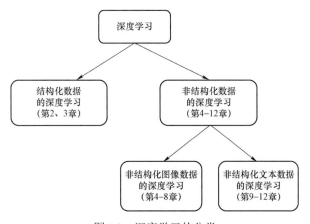

图 1.8　深度学习的分类

如图 1.8 所示，用于开发深度学习网络模型的数据类型可以是结构化类型或非结构化类型。"第 2 章　多类分类问题的深度神经网络"将介绍如何利用基于结构化数据的深度学习网络解决分类问题，其中的响应变量是分类类型。"第 3 章　回归问题的深度神经网络"将介绍如何采用基于结构化数据的深度学习网络解决回归问题，其中的响应变量是连续值类型。第 4 章～第 12 章介绍主要用于涉及图像和文本的两类非结构化数据的深度学习网络，还提供了一些利用图像数据（被视为非结构化数据）的流行深度学习网络的应用示例。第 9 章～第 12 章介绍一些流行的针对文本数据（非结构化数据的另一个主要类别）的深度学习网络。

现在，简要介绍一下第 2 章～第 12 章的示例和技术。

1.3.1　多类分类问题

很多问题的主要目标是开发一个分类模型，该模型利用数据将观察结果分为两个或更多类别。例如，根据几个变量的数据，可以将患者分类为正常、疑似或病理。在这种情况下，深度学习网络将使用几名已经有结果的患者的数据，学习将患者分到某一类别。

分类问题的另一个示例是学生向研究生院提交申请。学生的申请可能会被接受或拒绝，这取决于各种变量，如绩点、GRE 以及大学本科期间的排名。另一个有趣的例子是，使用与学生相关的数据开发一个分流模型，该模型有助于将一年级学生分为可能留在当前学校的学生和可能转到另一所学校的学生。也可以开发出类似的模型，将客户分为可能继续留在本企业的客户或转为竞争对手的客户。

开发分类模型的挑战之一是类别不平衡。例如，在处理医学数据时，被归类为正常的患者数量可能远远大于被归类为病理的患者数量。同样，当申请顶尖大学的研究生项目时，数据中很可能包含大量申请人不被接受的情况。深度学习网络模型能够轻松解决此类问题。本书使用的 Keras 库提供了一个用户友好的界面，它不仅可以轻松解决这些问题，还可以借助快速实验帮助获得合适的分类模型。

"第 2 章　多类分类问题的深度神经网络"将提供一个采用 R 的多类深度学习分类模型的说明。

1.3.2　回归问题

涉及数值型响应变量的结构化数据被归类为回归问题。例如，一个城市的房价可能取决于一些变量，如房屋年份、城市犯罪率、房间数量以及财产税税率。尽管诸如多元线性回归和弹性网络回归之类的统计方法也可用于这些问题，但深度学习网络仍具有一定的优势。通常，使用神经网络的主要优点之一是，它们可以处理非线性。与需要满足某些假设条件才能使用的统计方法不同，基于神经网络的模型使用起来更加灵活，并且不需要满足许多假设。

很多涉及回归问题的应用还要求识别对响应变量有重大影响的变量或特征。但是，有了深度学习网络，这种特征工程的功能是内置的，不需要任何额外的工作来提取重要特征。关

于深度学习网络，需要注意的一点是，使用的数据集越大，得到的预测模型就越有效。"第 3
章　回归问题的深度神经网络"将提供使用 R 的深度学习回归模型的示例。

1.3.3　图像分类

图像数据被归类为非结构化类型的数据。深度学习网络的流行应用之一就是开发图像分
类和识别模型。图像分类有多种应用，如智能手机或社交媒体网络上的人脸识别、医学图像
数据分类、手写数字分类以及自动驾驶汽车。请注意，不能直接利用非结构化数据开发分类
模型。非结构化数据需要先转换为结构化数据，然后才能开发深度学习网络。例如，黑白图
像可能是 21×21 维，因此包含 441（21×21）像素的数据。一旦将图像转换成代表所有像
素的数字，就可以开发图像分类模型。虽然人类可以非常容易地对服装、人或某个物体进行分
类，即使图像可能有不同的大小或方向，但训练计算机这样做是一项具有挑战性的任务。

Keras 库提供了一些易于使用的图像数据处理功能，有助于开发深度学习图像分类网
络。针对图像识别和分类问题，具有多层的深度学习网络或神经网络的有效性尤其重要。
"第 4 章　图像分类与识别"将提供使用 R 的应用深度学习图像分类模型的示例。

1.3.4　卷积神经网络

当类别增多并且一个类别中的图像显示出明显的可变性时，图像分类任务更具挑战性。
这种情况还需要更多的样本，以便分类模型可以更准确地捕获每个类别固有的特征。例如，
时装零售商可能拥有各种各样的时装，并且可能有兴趣根据此类时装的图像数据开发分类模
型。事实证明，一种称为**卷积神经网络**的特殊深度学习网络，在需要大规模图像分类和识别任
务的情况下非常有效。卷积神经网络是此类应用最受欢迎的网络，并被视为解决大规模图像分类
问题的黄金标准。这些网络能够借助网络中不同类型的层来捕获图像的各种细节。"第 5 章　基
于卷积神经网络的图像分类"将提供一个使用 R 的卷积神经网络图像分类应用的示例。

1.3.5　自编码器

使用具有响应或因变量的数据的分类和预测模型，其深度学习方法是有监督的深度学习
方法的一部分。在处理结构化或非结构化数据时，会出现响应变量不可用或未被使用的情况。
不使用响应变量的深度学习网络应用被归类为无监督的深度学习方法。例如，深度学习的应
用可能涉及图像数据，人们希望从中提取重要特征以实现降维。另一个例子涉及掺杂不想要
的噪声的手写图像，深度学习网络用于图像降噪。在这种情况下，已经发现自编码器网络对
于执行无监督的深度学习任务非常有用。

自编码器神经网络利用一个编码器和解码器网络。当图像数据通过编码器时，得到的维
数低于原始图像的维数，网络仅从输入数据中提取最重要的特征。然后，网络的解码器部分

会根据编码器输出的可用内容来重建原始数据。"第 6 章   基于 Keras 的自编码器神经网络应用"将提供使用 R 处理图像数据时应用自编码器神经网络实现降维、降噪和图像校正的示例。

1.3.6   迁移学习

开发多类别图像的深度学习分类模型是一项具有挑战性的任务。而当可用的图像数量有限时，更是难上加难。在这种情况下，有可能需要利用借助更大数据集开发的现有模型，并通过为另一个分类任务调整定制它来重用模型所学习到的模式。这种为新的分类任务重用预先训练好的深度学习网络模型的方法被称为迁移学习（transfer learning）。

Keras 库为图像分类任务提供了各种预处理模型，这些模型利用超过一百万个图像训练得到，并捕获可应用于相似新数据的可重用特征。将预训练模型从大量样本中学到的知识转移到用较小规模样本构建的模型中，有助于节省计算资源。此外，迁移学习方法应用结果有助于胜过使用较小数据集从头构建的模型。"第 7 章   基于迁移学习的小数据图像分类"将讨论迁移学习，并提供使用 R 的预训练深度学习图像分类模型的应用示例。

1.3.7   生成对抗网络

发表在美国科技媒体网站 The Verge 上的一篇文章（https://www.theverge.com/2018/10/25/18023266/aiart-portrait-christies-obvious-sold）报道称，一幅用人工智能算法创作的名为 *Portrait of Edmond Belamy*（《埃德蒙·贝拉米画像》）的肖像画以 432 500 美元的价格售出。这件作品的预估售价为 7000～10 000 美元。用来创作这幅肖像画的深度学习算法被称为**生成对抗网络**。生成对抗网络的独特属性是，两个深度学习网络相互竞争，以产生有意义的东西。相互竞争并试图超越彼此的两个网络称为生成器网络和判别器网络。

设想想要生成数字 5 的新手写图像。在这种情况下，生成对抗网络将利用一个生成器网络，从简单的随机噪声中创建手写数字 5 的伪造图像，并将其发送给判别器网络。伪造图像与真实图像混合在一起，通过训练一个区分手写数字 5 的真实图像和伪造图像的判别器网络，将尽可能成功地将真实图像和伪造图像区分开来。这两个网络将相互竞争，直到生成器网络开始创作看起来逼真的伪造图像为止，而此时判别器网络发现越来越难以区分真假图像。除了图像数据，生成对抗网络的应用还可以扩展到新文本甚至新音乐的生成。"第 8 章   基于生成对抗网络的图像生成"将介绍生成对抗网络如何用于生成新图像。

1.3.8   文本分类的深度学习网络

文本数据具有某些独有的特征，是一种与图像数据类型截然不同的非结构化数据。如前所述，非结构化数据需要额外的处理步骤才能转换成可用于深度学习分类网络开发的结构化格式。文本数据深度学习的应用之一涉及开发深度学习网络情感分类模型。

开发情感分类模型需要能够捕获与文本数据相关的情感标签。例如，可以利用电影评论的文本数据和相关情感标签（正面评论或负面评论）开发一个自动情感分类模型。另一个例子是利用推特文本数据开发情感分类模型。这样的模型可以比较成千上万条推文中的情感或一个重要事件前后的情感。情感分类模型可能有用的事件示例包括公司发布新智能手机前后推文中包含的情感，以及总统候选人参加现场辩论前后推文中包含的情感。"第 9 章　文本分类的深度学习网络"将介绍利用文本数据的情感分类模型的深度学习网络示例。

1.3.9　循环神经网络

文本数据的一个独特特征是，单词在文本序列中的排列位置具有一定的含义。**循环神经网络**非常适合处理具有序列的数据。循环神经网络允许将上一步的输出作为输入传递给下一步。这个每一步提供先验信息的过程使得循环神经网络具有记忆能力，这对于处理具有序列的数据非常有用。循环神经网络中的"循环"也源于以下事实：一个步骤的输出取决于上一个步骤的信息。

循环神经网络可用于开发情感分类模型，其中文本数据可以是电影评论、推文、产品评论等。开发此类情感分类模型还需要用于训练网络的标签。"第 10 章　基于循环神经网络的文本分类"将介绍利用 R 语言开发用于情感分类的循环神经网络模型的步骤。

1.3.10　长短期记忆网络

长短期记忆（long short-term memory，LSTM）网络是一种特殊类型的循环神经网络。如果有关单词或整数序列的数据具有长期依赖性，长短期记忆网络就很有用。例如，对于正确分类电影评论所包含的情感很重要的两个单词可能在一个长句子中被许多单词分隔开。采用常规循环神经网络的情感分类模型将难以捕获单词之间的这种长期依赖性。如果序列中单词或整数之间的依赖关系是直接的或者两个重要的单词彼此相邻的话，常规循环神经网络才有用。

除了情感分类，长短期记忆网络还可以用于语音识别、语言翻译、异常检测、时间序列预测、回答问题等。"第 11 章　基于长短期记忆网络的文本分类"将介绍长短期记忆网络在电影评论情感分类中的应用。

1.3.11　卷积循环网络

卷积神经网络可用于捕捉图像或文本数据中的高级局部特征，而长短期记忆网络可以把握序列数据中的长期依赖关系。当在同一模型架构中同时使用卷积神经网络和循环神经网络时，它被称为**卷积循环神经网络**（convolutional recurrent neural network，CRNN）。例如，如果考虑文章及其作者的数据，可能会对开发作者分类模型感兴趣。在该模型中，可以训练一个网络，并以包含文章的文本数据作为输入，然后进行与作者相关概率的预测。为此，可以首先使用一维卷积层从数据中提取重要特征。然后，可以将这些提取的特征传递给长短期记忆循环层，以获得隐藏的长期依赖关系，并将其传递给全连接密集层。最后，该密集层可以获得正确的作者身份的可能性。卷积循环神经网络还可以应用于自然语言处理、语音和视频相关的问题。"第 12 章　基于卷积循环网络的文本分类"将介绍如何利用卷积循环网络开发根据文章进行作者分类的模型。

1.3.12　提示、技巧和最佳实践

本书提供了利用 R 应用几种流行的深度学习方法的示例。对于需要应用深度学习网络的更复杂的问题而言，有时需要利用某些支持工具。TensorFlow 提供了这样的工具，被称为 **TensorBoard**，用于可视化深度学习网络的训练性能，特别是在需要试验的情况下。同样地，有一个名为局部可解释的模型不可知论解释（**local interpretable model-agnostic explanations**，LIME）的包，可以用于可视化和解释具体的预测。在开发深度学习网络模型时，还会产生许多输出，如总结分析报告和图表。有一个名为 **tfruns** 的包，可以帮助将所有内容保存在一起，以便于参考。Keras 包有一个回调功能，用于在适当的时候停止网络训练。"第 13 章　提示、技巧和展望"将讨论所有这些提示、技巧和最佳实践。

1.4　本章小结

近年来，利用人工神经网络的深度学习方法越来越流行。涉及深度学习方法的许多应用领域包括无人驾驶汽车、图像分类、自然语言处理和图像生成。本书以介绍谷歌趋势网站报道的深度学习术语的流行度开启了第一章。本章描述了深度学习方法应用的五个一般步骤，并对每个步骤的细节提出了一些宽泛的想法。然后，本章简单介绍了本书各章涵盖的深度学习技术及其应用场景，以及一些最佳实践。

下一章将从应用示例开始，介绍多类分类问题的深度学习网络模型开发步骤。

第二部分　预测与分类问题的深度学习

本部分包含两章内容，主要介绍如何开发深度学习分类和回归模型。本部分针对多类分类和回归问题，阐述了深度学习网络模型的开发过程。

本部分包含以下章节：

- 第 2 章　多类分类问题的深度神经网络。
- 第 3 章　回归问题的深度神经网络。

第 2 章　多类分类问题的深度神经网络

在开发预测和分类模型时，根据响应或目标变量的类型，会遇到两种类型的问题：目标变量是分类变量（这是一种分类问题）或者目标变量是数值（这是一种回归问题）。据观察，约 70% 的数据属于分类问题，其余 30% 属于回归问题（参考：https://www.topcoder.com/role-of-statistics-in-data-science/）。本章将以胎儿心电图（或 CTG）为例说明使用深度神经网络解决分类问题的步骤。

具体而言，本章涵盖以下主题：
- 胎儿心电图数据集。
- 建模数据准备。
- 深度神经网络模型的创建与拟合。
- 模型评价和预测。
- 性能优化提示与最佳实践。

2.1　胎儿心电图数据集

本节将提供用于开发多类分类模型的数据的相关信息。这里仅使用一个库，即 Keras。

2.1.1　医学数据集

本章使用的数据集可从由加利福尼亚大学（the University of California）信息与计算机科学学院维护的 UCI 机器学习库中公开获取。读者可以访问 https://archive.ics.uci.edu/ml/datasets/cardiococography。

请注意，该网址能够下载 Excel 数据文件。通过将文件保存为.csv 文件，可以很容易地将其转换为.csv 格式。

应该对数据进行格式化以转成.csv 的格式，代码如下：

```
# Read data
library(keras)
data <- read.csv('~/Desktop/data/CTG.csv', header=T)
str(data)
```

```
OUTPUT
## 'data.frame': 2126 obs. of 22 variables:
## $ LB : int 120 132 133 134 132 134 134 122 122 122 ...
## $ AC : num 0 0.00638 0.00332 0.00256 0.00651 ...
## $ FM : num 0 0 0 0 0 0 0 0 0 ...
## $ UC       : num 0 0.00638 0.00831 0.00768 0.00814 ...
## $ DL       : num 0 0.00319 0.00332 0.00256 0 ...
## $ DS       : num 0 0 0 0 0 0 0 0 0 ...
## $ DP       : num 0 0 0 0 0 ...
## $ ASTV     : int 73 17 16 16 16 26 29 83 84 86 ...
## $ MSTV     : num 0.5 2.1 2.1 2.4 2.4 5.9 6.3 0.5 0.5 0.3 ...
## $ ALTV     : int 43 0 0 0 0 0 0 6 5 6 ...
## $ MLTV     : num 2.4 10.4 13.4 23 19.9 0 0 15.6 13.6 10.6 ...
## $ Width    : int 64 130 130 117 117 150 150 68 68 68 ...
## $ Min      : int 62 68 68 53 53 50 50 62 62 62 ...
## $ Max      : int 126 198 198 170 170 200 200 130 130 130 ...
## $ Nmax     : int 2 6 5 11 9 5 6 0 0 1 ...
## $ Nzeros   : int 0 1 1 0 0 3 3 0 0 0 ...
## $ Mode     : int 120 141 141 137 137 76 71 122 122 122 ...
## $ Mean     : int 137 136 135 134 136 107 107 122 122 122 ...
## $ Median   : int 121 140 138 137 138 107 106 123 123 123 ...
## $ Variance : int 73 12 13 13 11 170 215 3 3 1 ...
## $ Tendency : int 1 0 0 1 1 0 0 1 1 1 ...
## $ NSP      : int 2 1 1 1 1 3 3 3 3 3 ...
```

2.1.2　数据集分类

数据包含胎儿心电图，目标变量将患者分为三类：正常、疑似和病理。该数据集有 2126
行。胎儿心电图由三名产科专家进行分类，并为每条数据分配一个一致的分类标签，分别为
正常（N，表示为 1）、疑似（S，表示为 2）和病理（P，表示为 3）。共有 21 个自变量，主要
目标是开发一个分类模型，将每位患者正确地分类到由 N、S 和 P 表示的类别中。

2.2　建模数据准备

本节将为构建分类模型准备数据。数据准备涉及数据的归一化、将数据划分为训练和测试数据，以及对响应变量进行独热编码。

2.2.1　数值型变量的归一化

为开发深度学习网络模型，需要对数值型变量进行归一化，实现尺度统一。处理多个变量时，不同的变量可能具有不同的尺度。例如，可能存在一个变量，它显示某公司获得的收入，其值可能以百万美元计。再如，可能存在一个变量，它以厘米为单位显示产品的尺寸。这种尺度上的极端差异会使训练网络难以进行，而归一化有助于解决这个问题。归一化代码如下：

```
# Normalize data
data <- as.matrix(data)
dimnames(data) <- NULL
data[,1:21] <- normalize(data[,1:21])
data[,22] <- as.numeric(data[,22]) -1
```

由代码可见，首先将数据改为矩阵格式，然后通过将空值 NULL 赋给维度名来删除默认名称。在该步骤中，将 22 个变量的名称更改为 V1，V2，V3，…，V22。如果在这个阶段运行 str（data），就会注意到原始数据格式发生了变化。利用 normalize 函数对 21 个自变量进行归一化，该函数是 Keras 包的一部分。当运行这一行代码时，会发现它利用 TensorFlow 作为后端。另外，将目标变量 NSP 从默认的整数类型更改为数值型。在同一行代码中，也将值从 1、2 和 3 分别更改为 0、1 和 2。

2.2.2　数据分割

下面将这些数据划分为训练数据集和测试数据集。为了完成数据分割，可采用以下代码：

```
# Data partition
set.seed(1234)
ind <- sample(2, nrow(data), replace = T, prob=c(.7, .3))
training <- data[ind==1, 1:21]
```

```
test <- data[ind==2, 1:21]
trainingtarget <- data[ind==1, 22]
testtarget <- data[ind==2, 22]
```

由代码可见，出于可重复性目的，为了在训练数据集和测试数据集中获得相同的样本，可以使用带有特定数字的 set.seed，本例中的数字是 1234。这将确保读者也可以在训练和测试数据中获得相同的样本。这里的数据分割采用 70:30 的比率，但也可以采用任何其他比率。在机器学习应用中，这是一个常用的步骤，以确保预测模型能够很好地处理以测试数据形式存储的未知数据。训练数据用于模型开发，而测试数据用于模型性能评估。有时，预测模型在训练数据上的表现可能会很好，甚至完美。但是，当使用模型没遇到过的测试数据进行评估时，其性能可能会非常令人失望。在机器学习中，这个问题被称为模型过度拟合。测试数据有助于评估并确保预测模型能够可靠地实施，并做出适当的决策。

使用 training 和 test 名来存储自变量，使用 trainingtarget 和 testtarget 名来存储数据集第 22 列中的目标变量。数据分割之后，训练数据集将有 1523 个观测值，测试数据集将有 603 个观测值。请注意，虽然这里使用了 70:30 的分割，但数据分割后的实际比率可能并非正好是 70:30。

2.2.3　独热编码

数据分割之后，将对响应变量进行独热编码。独热编码有助于将分类变量表示为 0 和 1。独热编码的代码和输出如下：

```
# One-hot encoding
trainLabels <- to_categorical(trainingtarget)
testLabels <- to_categorical(testtarget)
print(testLabels[1:10,])
```

```
OUTPUT
##        [,1] [,2] [,3]
## [1,]    1    0    0
## [2,]    1    0    0
## [3,]    1    0    0
## [4,]    0    0    1
## [5,]    0    0    1
```

```
##   [6,]   0   1   0
##   [7,]   1   0   0
##   [8,]   1   0   0
##   [9,]   1   0   0
##   [10,]  1   0   0
```

由代码可见，借助 Keras 包中的 to_categorical 函数，可将目标变量转换为二进制类矩阵，其中类的存在与否分别简单地用 1 或 0 表示。在该示例中，有三个目标变量类，它们被转换成三个虚拟变量。这个过程也被称为**独热编码**（one-hot encoding）。首先，打印来自 testLabel 的 10 行。第一行表示带有（1，0，0）标签的患者的正常类别，第六行表示带有（0，1，0）标签的患者的疑似类别，第四行表示带有（0，0，1）标签的患者的病理类别示例。

完成这些数据准备步骤后将进入下一步，创建分类模型，将患者分类为正常、疑似或病理。

2.3　深度神经网络模型的创建与拟合

本节将开发模型架构、编译模型，然后拟合模型。

2.3.1　模型架构开发

用于开发模型的代码如下：

```
# Initializing the model
 model <- keras_model_sequential()


# Model architecture
 model %>%
 layer_dense(units = 8, activation = 'relu', input_shape = c(21)) %>%
 layer_dense(units = 3, activation = 'softmax')
```

由代码可见，首先用 keras_model_sequential() 函数创建一个序列模型，该函数允许添加一个线性堆栈层。接着使用管道操作符%>%，给模型添加层。该管道操作符将从左侧获取的信息作为输出，并将该信息作为输入馈送到右侧。使用 layer_dense 函数构建完全连接或紧密连接的神经网络，然后指定各种输入。这个数据集有 21 个自变量，因此 input_shape 函数被指定为神经网络中的 21 个神经元或单元。该层也称网络的输入层。第一个隐藏层有 8 个单元，这里使用的激活函数是 relu，这是在这些情况下使用的最流行的激活函数。第一个隐藏层利用管道操作符连接到具有 3 个单元的输出层。之所以使用 3 个单元，是因为目标变量有 3 个类。输出层使用的激活函数是"softmax"，它有助于将输出值的范围保持在 0 到 1 之间。将输出值的范围保持在 0 和 1 之间将有助于以熟悉的概率值的形式来解释结果。

 在 RStudio 中键入管道操作符%>%，可以在 Mac 中使用 *Shift + Command + M* 的快捷方式，在 Windows 中可以使用 *Shift + Ctrl + M* 的快捷方式。

为了形成已创建模型架构的总结报告，可运行 summary 函数，其代码如下：

```
# Model summary
 summary(model)

OUTPUT
##
```

```
## Layer     (type) Output Shape Param #
##
==========================================================

## dense_1 (Dense) (None, 8)      176
##

----------------------------------------------------------

## dense_2 (Dense) (None, 3)       27
##

==========================================================
## Total params: 203
## Trainable params: 203
## Non-trainable params: 0
##
```

由于输入层有 21 个单元与第一个隐藏层的 8 个单元相连，所以最终得到 168 个权重（21×8）。这里还为隐藏层的每个单元配置一个偏置项，共有 8 个这样的项。因此，在第一个也是唯一的隐藏层阶段，总共有 176 个参数（168＋8）。同样地，隐藏层的 8 个单元与输出层的 3 个单元相连，产生 24 个权重（8×3）。这样，在输出层有 24 个权重和 3 个偏置项，共计 27 个参数。最后，该神经网络架构的参数总数达到 203 个。

2.3.2　模型编译

为了配置神经网络的学习过程，可通过指定损失、优化器和度量指标来编译模型，代码如下：

```
# Compile model
model %>%
   compile(loss = 'categorical_crossentropy',
   optimizer = 'adam',
   metrics = 'accuracy')
```

这里用 loss 来指定需要优化的目标函数。由代码可见，由于目标变量有三个类，因此对于损失，使用"categorical_crossentropy"。而在目标变量具有两个类的情况下，使用"binary_crossentropy"。对于优化器，使用"adam"优化算法，这是一种流行的深度学习算法。它之所以受欢迎，主要是因为它比其他随机优化方法，如**自适应梯度算法**（adaptive gradient algorithm，AdaGrad）和**均方根传播**（root mean square propagation，RMSProp），能更快地给出好的结果。另外，需要指定在训练和测试过程中评估模型性能的指标。对于 metrics（度量指标），用 accuracy（准确率）来评估模型的分类性能。

现在已做好准备，在下一节中进行模型拟合。

2.3.3　模型拟合

模型拟合代码如下：

```
# Fit model
model_one <- model %>%
 fit(training,
   trainLabels,
   epochs = 200,
   batch_size = 32,
   validation_split = 0.2)

OUTPUT (last 3 epochs)
Epoch 198/200
1218/1218 [==============================] - 0s 43us/step - loss: 0.3662 -
```

```
acc: 0.8555 - val_loss: 0.5777 - val_acc: 0.8000
Epoch 199/200
1218/1218 [==============================] - 0s 41us/step - loss: 0.3654 -
acc: 0.8530 - val_loss: 0.5763 - val_acc: 0.8000
Epoch 200/200
1218/1218 [==============================] - 0s 40us/step - loss: 0.3654 -
acc: 0.8571 - val_loss: 0.5744 - val_acc: 0.8000
```

由以上代码，可观察到以下几点：

● 为拟合模型而提供了包含 21 个自变量的训练数据集和包含目标变量数据的 trainLabel。

● 迭代次数或轮次（epochs）指定为 200。轮次是训练数据的单次传递，传递之后是使用验证数据的模型评估。

● 为了避免过度拟合，指定验证数据集分割比率为 0.2，这意味着随着训练的进行，将使用 20%的训练数据来评估模型性能。

● 请注意，这 20%的数据是训练数据中最后 20%的数据点。这里在 model_one 中存储了模型训练期间生成的训练和验证数据的损失和准确率数据，以供以后使用。

● batch_size 的默认值为 32，它代表每个梯度将使用的样本数。

● 随着模型训练的进行，将根据每个轮次后的训练和验证数据，得到损失和准确率图的可视化显示。

● 希望模型具有更高的准确率，因为准确率是一种 the-higher-the-better（越高越好）型的度量指标；而损失是一种 the-lower-the-better（越低越好）型的度量指标，因此希望模型能够具有较低的损失。

● 还获得了基于最后 3 个轮次的损失输出的数字汇总报告，如上段代码输出所示。对于每个轮次，训练数据的 1523 个样本中有 1218 个样本（约 80%）用于拟合模型，其余 20%的数据用于计算验证数据的准确率和损失。

使用 validation_split 时，请注意验证数据不是从训练数据中随机选择的。例如，当 validation_split＝0.2 时，训练数据的最后 20%用于验证，前面的 80%用于训练。因此，如果目标变量的值不是随机的，那么 validation_split 可能会给分类模型带来偏差。

训练过程完成 200 个轮次后，可以使用 plot 函数按照训练和验证数据的损失和准确率来绘制训练进度曲线，代码如下：

```
plot(model_one)
```

图 2.1 所示为训练和验证数据（model_one）的损失和准确率图，其中下方为损失，上方为准确率。

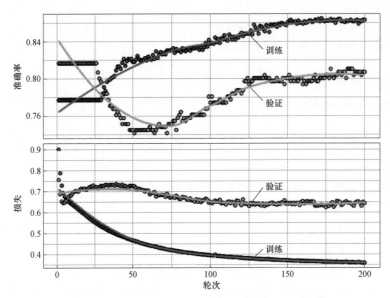

图 2.1　训练和验证数据（model_one）的损失和准确率图

由图 2.1 可得到如下观察：

● 从上方准确率图可见，准确率在大约 25 个轮次后显著增大，然后针对训练数据继续逐渐增大。

● 对于验证数据，进度更加不均匀，在第 25 和第 50 个轮次之间准确率有所下降。

● 对于损失，在相反的方向上可以观察到有点类似的趋势。

● 请注意，如果训练数据的准确率随着轮次的增加而增大，而验证数据的准确率却下降，这表明模型过拟合。但从图 2.1 中并没有看到任何表明模型过拟合的迹象。

2.4　模型评价和预测

本节将利用测试数据来评估模型性能。当然，可以使用训练数据计算损失和准确率，但是分类模型的真正测试应该使用其未见过的数据。由于测试数据与模型构建过程不相关，因此这里可以用它来评估模型。首先用测试数据计算损失和准确率，然后开发一个混淆矩阵。

2.4.1 损失函数与准确率计算

利用测试数据计算损失和准确率，以及输出结果的代码如下所示：

```
# Model evaluation
model %>%
evaluate(test, testLabels)


OUTPUT
## $loss
## [1] 0.4439415
##
## $acc
## [1] 0.8424544
```

由代码可见，使用 evaluate 函数可以得到损失和准确率，分别为 0.443 9 和 0.842 4。使用 colSums（testLabels），可以发现在测试数据中分别有 460、94 和 49 例正常、疑似和病理患者。考虑测试数据的样本总数为 603，可将这些数字转换为百分比，分别是 76.3%、15.6% 和 8.1%。样本数最多的属于正常患者类，可以用 76.3% 作为模型性能的基准。如果不使用任何模型，而只是简单地将测试数据中的所有实例归类为正常患者类别，那么仍将在大约 76.3% 的时间内结论是正确的，因为正确预测了所有正常患者，而只错误预测了其他两个类别。

换句话说，预测准确率将高达 76.3%。因此要开发的模型至少应具有比该基准值更好的性能。如果模型性能低于该数值，那么它就不太可能有多大的实际用途。由于测试数据的准确率为 84.2%，因此肯定比基准值做得好，但显然还必须尝试改进模型以使其表现更好。为此，应该更深入地研究并借助混淆矩阵了解每一类响应变量的模型性能。

2.4.2 混淆矩阵

为了得到一个混淆矩阵，首先对测试数据进行预测并将结果保存在 pred 中。使用 predict_classes 进行预测，然后利用 table 函数生成测试数据的预测值与实际值的汇总报告，以创建混淆矩阵。代码如下：

```
# Prediction and confusion matrix
pred <- model %>%
  predict_classes(test)
```

```
table(Predicted=pred, Actual=testtarget)
```

OUTPUT

```
          Actual
## Predicted   0   1   2
##        0  435  41  11
##        1   24  51  16
##        2    1   2  22
```

代码输出的混淆矩阵中，值 0、1 和 2 分别代表正常、疑似和病理类别。由混淆矩阵可以得出以下结论：

- 测试数据中有 435 名患者实际上是正常的，模型也预测他们是正常的。
- 同样，疑似组有 51 个正确预测，病理组有 22 个正确预测。
- 如果将混淆矩阵对角线上的所有数字相加（这是正确的分类），将得到 508（435+51+22）或者 84.2% 的准确率水平 [（508÷603）×100]。
- 混淆矩阵中的非对角线数字表示被错误分类的患者数量。错误分类的最高数字是 41，这时患者实际上属于疑似类别，但模型错误地将他们归类为正常患者类别。
- 最少的错误分类实例涉及一名实际上属于正常类别的患者，但模型错误地将该患者分类为病理类别。

也可以从概率的角度来考察预测结果，而不仅仅是以前使用的考虑类的方法。为了预测概率，可以使用 predict_prob 函数。然后，可以使用 cbind 函数查看前七行测试数据，以进行比较。代码如下：

```
# Prediction probabilities
prob <- model %>%
    predict_proba(test)
cbind(prob, pred, testtarget)[1:7,]
```

OUTPUT

```
                                              pred testtarget
[1,] 0.993281245 0.006415705 0.000302993     0          0
[2,] 0.979825318 0.018759586 0.001415106     0          0
[3,] 0.982333243 0.014519051 0.003147765     0          0
[4,] 0.009040437 0.271216542 0.719743013     2          2
```

[5,]	0.008850170	0.267527819	0.723622024	2	2
[6,]	0.946622312	0.030137880	0.0232398603	0	1
[7,]	0.986279726	0.012411724	0.0013086179	0	0

代码产生的输出中，有基于模型的三个类别的概率值。在测试数据中，还有由 pred 表示的预测类别和由 testtarget 表示的实际类别。根据输出结果，可以得出以下结论：

● 对于第一个样本，针对正常患者类别的最高概率为 0.993，这就是将预测类别标识为 0 的原因。由于预测与测试数据中的实际结果相匹配，所以将其视为正确分类。

● 同样地，由于第四个样本显示第三类别的最高概率为 0.719 7，所以将预测类别标记为 2，这是一个正确的预测。

● 但是，对于以 0 表示而实际类别为 1 的第一类别，第六个样本的最高概率为 0.946 6。这种情况下，模型对样本进行了错误分类。

接下来将探讨提高模型分类性能的方法，以获得更好的准确率。可以遵循的两个关键策略是，增加隐藏层的数量以构建更深的神经网络，以及改变隐藏层中的单元数量。下一节将探讨这些方法。

2.5　性能优化提示与最佳实践

本节将对前面提到的分类模型进行微调，以探讨其功能，并观察其性能是否可以进一步提高。

2.5.1　增加隐藏层的实验

该实验将在之前的模型里新添加一个隐藏层。代码及模型总结输出如下：

```
# Model architecture
model <- keras_model_sequential()
model %>%
    layer_dense(units = 8, activation = 'relu', input_shape = c(21)) %>%
    layer_dense(units = 5, activation = 'relu') %>%
    layer_dense(units = 3, activation = 'softmax')

summary(model)

OUTPUT
```

```
Layer (type)                    Output Shape                Param #
=================================================================
dense_1 (Dense)                 (None, 8)                   176
_____
dense_2 (Dense)                 (None, 5)                   45
_____
dense_3 (Dense)                 (None, 3)                   18
=================================================================
Total params: 239
Trainable params: 239
Non-trainable params: 0
_____
```

由代码和输出可见，这里添加了第二个包含 5 个单元的隐藏层。该隐藏层也使用 relu 作为激活函数。请注意，由于这一变化，参数总数从之前模型的 203 个增加到了新模型的 239 个。

接下来利用下面的代码编译并拟合模型：

```
# Compile and fit model
model %>%
 compile(loss = 'categorical_crossentropy',
 optimizer = 'adam',
 metrics = 'accuracy')
model_two <- model %>%
   fit(training,
       trainLabels,
       epochs = 200,
       batch_size = 32,
       validation_split = 0.2)
 plot(model_two)
```

由代码可见，这里在与之前用过的相同的设置条件下编译了模型，且保持 fit 函数的设置不变。模型输出的相关信息存储在 model_two 中。图 2.2 所示为训练和验证数据（model_two）的损失和准确率图。

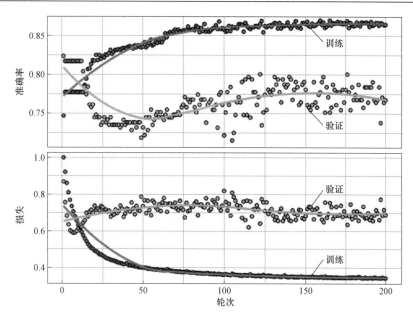

图 2.2　训练和验证数据（model_two）的损失和准确率图

由 2.2 图可以得出以下结论：

● 基于训练和验证数据的准确率在前几个轮次保持相对稳定。

● 大约 20 个轮次之后，训练数据的准确率开始增大，之后继续增大。但是，大约 100 个轮次之后，增长速度放缓。

● 另外，基于验证数据的准确率在大约 50 个轮次内下降，然后开始增大，在大约 125 个轮次后多多少少保持稳定。

● 类似地，训练数据的损失最初显著下降，但是大约 50 个轮次之后，下降率减缓。

● 验证数据的损失在最初的几个轮次内下降，然后在大约 25 个轮次后增大并保持稳定。

利用基于测试数据的类预测，也可以获得混淆矩阵来评估该分类模型的性能。以下代码用于获取混淆矩阵：

```
# Prediction and confusion matrix
pred <- model %>%
    predict_classes(test)
table(Predicted=pred, Actual=testtarget)

OUTPUT
```

```
           Actual
## Predicted    0   1   2
##          0  429  38   4
##          1   29  54  33
##          2    2   2  12
```

由混淆矩阵可以得出以下结论：

● 通过将 0、1 和 2 类的正确分类与之前的模型进行比较，可以注意到只有 1 类有所改进，而 0 和 2 类的正确分类实际上有所减少。

● 该模型的总体准确率为 82.1%，低于之前获得的 84.2%的准确率。因此，试图使模型稍微更深一些的努力并没有提高准确率。

2.5.2 隐藏层增加单元数量的实验

现在，通过更改第一个也是唯一一个隐藏层中的单元数量来微调第一个模型，代码如下：

```
# Model architecture
 model <- keras_model_sequential()
 model %>%
   layer_dense(units = 30, activation = 'relu', input_shape = c(21)) %>%
   layer_dense(units = 3, activation = 'softmax')
```

```
summary(model)
OUTPUT
```

Layer (type)	Output Shape	Param #
dense_1 (Dense)	(None, 30)	660
dense_2 (Dense)	(None, 3)	93

```
Total params: 753
Trainable params: 753
Non-trainable params: 0
```

```
# Compile model
 model %>%
```

```
compile(loss = 'categorical_crossentropy',
        optimizer = 'adam',
        metrics = 'accuracy')

# Fit model
model_three <- model %>%
    fit(training,
        trainLabels,
        epochs = 200,
        batch_size = 32,
        validation_split = 0.2)
plot(model_three )
```

由代码和输出可见，这里已经将第一个也是唯一一个隐藏层中的单元数从 8 个增加到了 30 个。该模型的参数总数为 753。另外，用之前使用的相同设置编译和拟合模型。拟合模型时的准确率和损失存储在 model_three 中。

图 2.3 所示为训练和验证数据（model_three）的损失和准确率图。

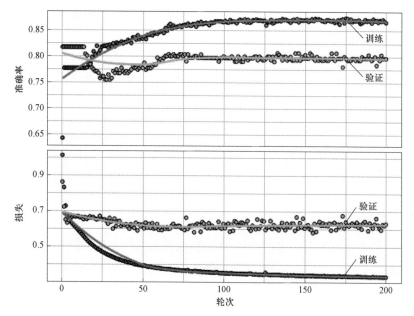

图 2.3　训练和验证数据（model_three）的损失和准确率图

由图 2.3 可以观察到以下情况：

- 没有过拟合的证据。
- 大约 75 个轮次之后，没有看到模型性能有任何重大改进。

利用测试数据和混淆矩阵的类预测，其实现代码如下：

```
# Prediction and confusion matrix
pred <- model %>%
    predict_classes(test)
table(Predicted=pred, Actual=testtarget)

OUTPUT
          Actual
## Predicted   0   1   2
##          0 424  35   5
##          1  28  55   5
##          2   8   4  39
```

由混淆矩阵可以得到以下观察：

- 与第一个模型相比，发现疑似（1）和病理（2）类别的分类有改进。
- 0、1 和 2 类别的正确分类分别是 424、55 和 39。
- 使用测试数据的总体准确率达到 85.9%，优于之前的两个模型。

还可以通过将每列中正确分类的数量除以该列的总数来获得百分比，该百分比显示该模型对每个类别进行正确分类的频率。可以发现，该分类模型正确地分类正常、疑似和病理病例的百分比分别约为 92.2%、58.5% 和 79.6%。所以，模型性能在正确分类正常患者时最高。但是，在正确地将患者分类到疑似类别时，模型的准确率下降到只有 58.5%。从混淆矩阵可以看出，与错误分类相关的最高样本数是 35。因此，有 35 名患者实际上属于疑似类别，但分类模型错误地将这些患者归入正常类别。

2.5.3　多单元多层网络的实验

在分别构建了拥有 203、239 和 753 个参数的三个不同的神经网络模型之后，现在将构建一个隐藏层包含更多单元的更深的神经网络模型。用于该实验的代码如下：

```
# Model architecture
model <- keras_model_sequential()
```

```
model %>%
        layer_dense(units = 40, activation = 'relu', input_shape = c(21))%>%
        layer_dropout(rate = 0.4) %>%
        layer_dense(units = 30, activation = 'relu') %>%
        layer_dropout(rate = 0.3) %>%
        layer_dense(units = 20, activation = 'relu') %>%
        layer_dropout(rate = 0.2) %>%
        layer_dense(units = 3, activation = 'softmax')
summary(model)
```

OUTPUT

Layer (type)	Output Shape	Param #
dense_1 (Dense)	(None, 40)	880
dropout_1 (Dropout)	(None, 40)	0
dense_2 (Dense)	(None, 30)	1230
dropout_2 (Dropout)	(None, 30)	0
dense_3 (Dense)	(None, 20)	620
dropout_3 (Dropout)	(None, 20)	0
dense_4 (Dense)	(None, 3)	63

Total params: 2,793
Trainable params: 2,793
Non-trainable params: 0

```
# Compile model
 model %>%
   compile(loss = 'categorical_crossentropy',
           optimizer = 'adam',
           metrics = 'accuracy')
```

```
# Fit model
model_four <- model %>%
 fit(training,
 trainLabels,
 epochs = 200,
 batch_size = 32,
 validation_split = 0.2)
plot(model_four)
```

由代码和输出可见，为了尝试提高分类性能，该模型总共有 2793 个参数，三个隐藏层，各隐藏层有 40、30 和 20 个单元。在每个隐藏层之后，为避免过拟合，还添加了一个暂弃（dropout）率分别为 40%、30% 和 20% 的暂弃层。例如，第一个隐藏层之后的暂弃率为 0.4（或 40%），这意味着第一个隐藏层的 40% 的单元在训练时随机暂定为零。这有助于避免由于隐藏层中的单元数量较多而可能发生的任何过拟合。这里采用之前用过的相同设置编译和运行模型。另外，每个轮次之后的损失和准确率存储在 model_four 中。

图 2.4 所示为训练和验证数据（model_four）的损失和准确率图。

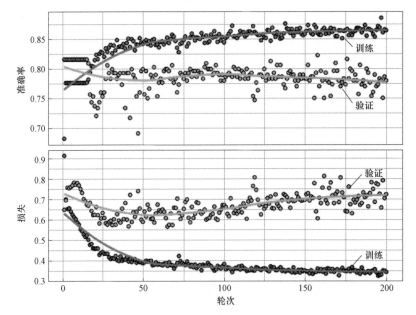

图 2.4　训练和验证数据（model_four）的损失和准确率图

由图 2.4 可以得出以下结论：

- 大约 150 个轮次后，训练损失和准确率保持大致不变。
- 验证数据的准确率在大约 75 个轮次后基本持平。
- 然而，在损失方面，大约 75 个轮次之后，训练和验证数据之间开始发散，验证数据的损失逐渐增大。这表明在大约 75 个轮次后出现了过拟合情况。

现在利用测试数据进行预测，并检查由此产生的混淆矩阵，以评估模型性能。代码如下：

```
# Predictions and confusion matrix
pred <- model %>%
        predict_classes(test)
table(Predicted=pred, Actual=testtarget)


OUTPUT
        Actual
Predicted   0    1    2
        0  431   34   7
        1   20   53   2
        2    9    7  40
```

根据混淆矩阵结果，可以得出以下结论：

- 0、1 和 2 类别的正确分类分别是 431、53 和 40。
- 整体准确率达到 86.9%，优于前面三个模型。
- 还可以发现，该分类模型正确地分类了正常、疑似和病理病例，其百分比分别约为 93.7%、56.4% 和 81.6%。

2.5.4　分类不平衡问题的实验

在该数据集中，正常、疑似和病理类别的患者数量不同。在原始数据集中，正常、疑似和病理患者的数量分别为 1655、295 和 176。

利用以下代码绘制条状图：

```
# Bar plot
barplot(prop.table(table(data$NSP)),
        col = rainbow(3),
        ylim = c(0, 0.8),
```

```
        ylab = 'Proportion',
        xlab = 'NSP',
        cex.names = 1.5)
```

代码运行后，将得到如图 2.5 所示的条状图。

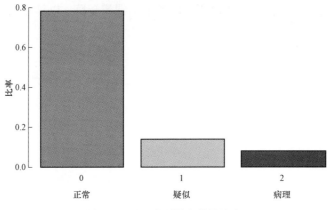

图 2.5　不同类别样本数量比率

图 2.5 显示，正常、疑似和病理患者的百分比分别约为 78%、14% 和 8%。比较这些类别时，可以观察到正常患者的数量大约是疑似患者数量的 5.6 倍（1655/295），大约是病理患者数量的 9.4 倍。数据集里的类不平衡，但每个类包含数量显著不同的样本，这种情况被描述为存在分类不平衡问题。在训练模型时，样本数量明显较多的类可能会从中受益，但代价是牺牲其他的类。

因此，分类模型可能包含对样本数量明显较多的类别的偏好，并为该类别提供与其他类别相比更高分类准确率的结果。当数据受到这种分类不平衡问题的影响时，解决这个问题以避免最终分类模型中的偏差就显得很重要。这种情况下，可以采用类权重来解决数据集的类不平衡问题。

用于开发分类模型的数据集，每类样本数量不相同的情况极为常见。这种分类不平衡问题可以很容易地用 class_weight 函数来解决。

包含 class_weight 函数以合并分类不平衡信息的代码如下：

```
# Fit model
model_five <- model %>%
```

```
fit(training,
    trainLabels,
    epochs = 200,
    batch_size = 32,
    validation_split = 0.2,
    class_weight = list("0"=1,"1"=5.6, "2" = 9.4))
plot(model_five)
```

由代码可见，这里已经为正常类指定了权重 1，为疑似类指定了权重 5.6，为病理类指定了权重 9.4。分配这些权重为所有三个类别创造了一个公平的竞争环境。所有其他设置均保持与之前模型中的设置相同。完成网络训练之后，每个轮次的损失和准确率存储在 model_five 中。

图 2.6 所示为训练和验证数据（model_five）的损失和准确率图。

由图 2.6 看不到任何明显的过拟合迹象。经过大约 100 个轮次之后，也没有看到损失和准确率等模型性能有任何重大改进。

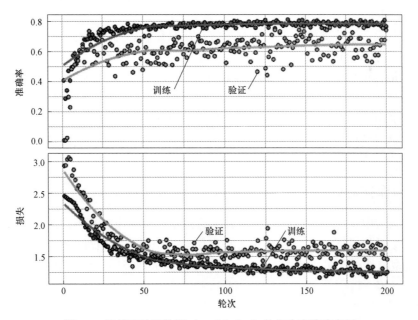

图 2.6　训练和验证数据（model_five）的损失和准确率图

模型预测的代码以及由此产生的混淆矩阵如下：

```
# Prediction and confusion matrix
pred <- model %>%
  predict_classes(test)
table(Predicted=pred, Actual=testtarget)

OUTPUT
        Actual
Predicted   0    1    2
        0  358   12    3
        1   79   74    5
        2   23    8   41
```

从混淆矩阵可以得出以下结论：

● 0、1 和 2 类别的正确分类分别是 358、74 和 41。

● 总体准确率现在降低到 78.4%，这主要是由于正常类的准确率下降，因为这里增大了另外两个类的权重。

● 还可以发现，该分类模型正确地对正常、疑似和病理样本进行了分类，其百分比分别约为 77.8%、78.7% 和 83.7%。

● 显然，最大的收获来自疑似类，现在正确分类的比率为 78.7%，而以前的比率仅为56.4%。

● 在病理类中，没有看到准确率的任何重大增益或损失。

● 这些结果清楚地表明了权重对解决类不平衡问题的影响，因为现在三个类的分类性能更加一致。

2.5.5　模型的保存与重新上载

每次在 Keras 中运行一个模型，由于随机的初始权重，模型从不同的起点开始。一旦得到一个性能可接受的模型，并且希望在将来重用同一个模型，则可以使用 save_model_hdf5 函数保存该模型。然后，可以使用 load_model_hdf5 函数加载同一个模型。相关代码如下：

```
# Save and reload model
save_model_hdf5(model,
 filepath,
 overwrite = TRUE,
```

```
            include_optimizer = TRUE)
model_x <- load_model_hdf5(filepath,
  custom_objects = NULL,
  compile = TRUE)
```

以上代码允许保存模型架构和模型权重，并且如果需要的话，还允许从之前的训练会话中恢复模型的训练。

2.6　本章小结

本章介绍了如何开发一个神经网络模型，以帮助解决一个分类类型的问题。首先从一个简单的分类模型开始，讨论如何改变隐藏层的数量和隐藏层中的单元数量。开发和微调分类模型背后的思想是为了说明如何探索和改进分类模型的性能。本章还介绍了如何借助混淆矩阵更深入地理解分类模型的性能。本章开头有目的地介绍了一个相对较小的神经网络模型，并以一个相对较深的神经网络模型的例子作结。涉及多个隐藏层的更深层的网络也会导致过拟合问题，其中分类模型在训练数据方面可能具有优异的性能，但在测试数据方面表现不佳。为了避免这种情况，可以在每个密集层之后使用暂弃层，如前所述。本章也举例说明了在分类不平衡可能导致分类模型更偏向特定类别的情况下应该采用类权重。最后，本章还介绍了当不需要重新运行模型时，如何保存模型细节以备将来使用。

本章所用的模型，有一些参数在各种实验中保持不变。例如，在编译模型时，总是使用adam 作为优化器。流行的使用 adam 的原因之一是它不需要太多的调整，并且能用更少的时间提供好的结果。但是，这里鼓励读者尝试使用其他优化器，如 adagrad、adadelta 和 rmsprop，并观察它们对模型分类性能的影响。本章保持不变的另一个设置是，训练网络的批量大小（batch size）为 32。因此，这里也鼓励读者尝试使用更大（如 64）和更小（如 16）的批量大小，并观察它们对分类性能的影响。

在接下来的章节里，将逐步开发更复杂和更深层的神经网络模型。本章已讨论了一个响应变量为类别变量的分类模型，下一章将讨论针对开发和改进回归类型问题预测模型的步骤，其目标变量是数值型变量。

第 3 章　回归问题的深度神经网络

上一章处理了一个具有分类目标变量的数据集，并且使用 Keras 完成了开发分类模型的步骤。在响应变量为数值型变量的情况下，监督学习问题被归类为回归问题。本章将开发一个数值响应变量的预测模型。为了说明预测模型的开发过程，本章将使用波士顿房价数据集（Boston Housing dataset），该数据集在 mlbench 包中可用。

具体而言，本章涵盖以下主题：

- 波士顿房价数据集。
- 建模准备数据。
- 回归问题深度神经网络模型的创建与拟合。
- 模型评估和预测。
- 性能优化提示与最佳实践。

3.1　波士顿房价数据集

本章将使用六个库。下面的代码中列出了这些库：

```
# Libraries
library(keras)
library(mlbench)
library(psych)
library(dplyr)
library(magrittr)
library(neuralnet)
```

BostonHousing 数据的结构如下：

```
# Data structure
data(BostonHousing)
str(BostonHousing)
```

```
'data.frame':              506 obs. of  14 variables:
 $ crim    : num  0.00632 0.02731 0.02729 0.03237 0.06905 ...
 $ zn      : num  18 0 0 0 0 12.5 12.5 12.5 12.5 ...
 $ indus   : num  2.31 7.07 7.07 2.18 2.18 2.18 7.87 7.87 7.87 7.87 ...
 $ chas    : Factor w/ 2 levels "0","1": 1 1 1 1 1 1 1 1 1 1 ...
 $ nox     : num  0.538 0.469 0.469 0.458 0.458 0.458 0.524 0.524 0.524 0.524 ...
 $ rm      : num  6.58 6.42 7.18 7 7.15 ...
 $ age     : num  65.2 78.9 61.1 45.8 54.2 58.7 66.6 96.1 100 85.9 ...
 $ dis     : num  4.09 4.97 4.97 6.06 6.06 ...
 $ rad     : num  1 2 2 3 3 3 5 5 5 5 ...
 $ tax     : num  296 242 242 222 222 222 311 311 311 311 ...
 $ ptratio : num  15.3 17.8 17.8 18.7 18.7 18.7 15.2 15.2 15.2 15.2 ...
 $ b       : num  397 397 393 395 397 ...
 $ lstat   : num  4.98 9.14 4.03 2.94 5.33 ...
 $ medv    : num  24 21.6 34.7 33.4 36.2 28.7 22.9 27.1 16.5 18.9 ...
```

由输出可见，该数据集有 506 个观测值和 14 个变量。在 14 个变量中，13 个是数值型的，1 个（chas）是因子型的。最后一个变量 medv（以千美元为单位的自有住房中位数）是因变量或目标变量，剩下的 13 个变量是自变量。表 3.1 给出了所有变量的简要说明，以供参考。

表 3.1　　　　　　　　　波士顿房价数据集的变量

变量	描述
crim	城镇人均犯罪率
zn	超过 25 000 平方英尺的住宅用地比例
indus	每个城镇非零售商业用地比例
chas	查尔斯河（Charles River）虚拟变量（如果区域以河为界，则该变量为 1；否则为 0）
nox	一氧化氮浓度（ppm，百万分之一）
rm	每个住宅的平均房间数
age	1940 年以前建造的自住单元比例
dis	到五个波士顿（Boston）就业中心的加权距离
rad	放射状高速公路可达性指数
tax	每 10 000 美元的全额财产税税率

续表

变量	描述
ptratio	城镇的师生比例
lstat	人口中低收入人群的百分比
medv	以千美元为单位的自有住房中位数

这个数据来源于 1970 年的人口普查。哈里森（Harrison）和鲁宾菲尔德（Rubinfeld）在 1978 年发表了一份利用这些数据的详细统计研究（参阅 http://citeseerx.ist.psu.edu/viewdoc/download? doi = 10.1.1.926.5532rep = rep1type = pdf）。

3.2　建模数据准备

为了方便使用，首先将 BostonHousing 数据的名称改为简单的 data。然后用 lapply 函数将因子类型的自变量转换为数值型变量。

请注意，这个数据集唯一的因子变量是 chas。但是，对于其他具有更多因子变量的数据集，这段代码也可以工作。

转换代码如下：

```
# Converting factor variables to numeric
data <- BostonHousing
data %>% lapply(function(x) as.numeric(as.character(x)))
data <- data.frame(data)
```

将因子变量转换为 numeric 类型后，还需将 data 格式更改为 data.frame。

3.2.1　神经网络的可视化

为了可视化具有隐藏层的神经网络，将使用 neuralnet 函数。为便于说明，本例将使用分别有 10 个和 5 个单元的两个隐藏层。输入层有 13 个节点，它们基于 13 个自变量。输出层只有一个基于目标变量 medv 的节点。使用的代码如下：

```
# Neural network
n <-
neuralnet(medv~crim+zn+indus+chas+nox+rm+age+dis+rad+tax+ptratio+b+lstat,
```

```
                data = data,
                hidden = c(10,5),
                linear.output = F,
                lifesign = 'full',
                rep=1)
# Plot
plot(n, col.hidden = "darkgreen",
       col.hidden.synapse = 'darkgreen',
       show.weights = F,
       information = F,
       fill = "lightblue")
```

由代码可见，结果保存在 n 中，然后用于绘制神经网络架构，如图 3.1 所示。

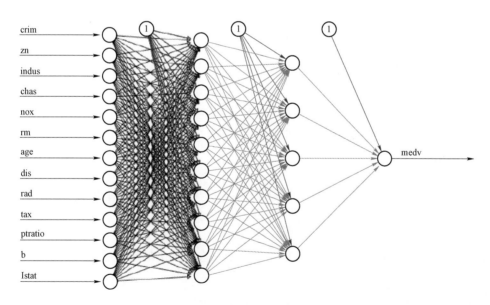

图 3.1　神经网络架构示例

由图 3.1 可见，输入层有 13 个节点，代表 13 个自变量。有两个隐藏层：第一个隐藏层有 10 个节点，第二个隐藏层有 5 个节点。隐藏层中的每个节点都连接到上一层和下一层的所有节点。输出层只有一个基于响应变量 medv 的节点。

3.2.2　数据分割

接下来，将数据改为矩阵格式。另外，将维度名称设置为 NULL，结果将变量的名称更改为默认名称，V1，V2，V3，…，V14。代码如下：

```
data <- as.matrix(data)
dimnames(data) <- NULL
```

然后，使用以下代码将数据划分为训练和测试数据集。

```
# Data partitioning
set.seed(1234)
ind <- sample(2, nrow(data), replace = T, prob=c(.7, .3))
training <- data[ind==1, 1:13]
test <- data[ind==2, 1:13]
trainingtarget <- data[ind==1, 14]
testtarget <- data[ind==2, 14]
```

本例采用了 70:30 的数据分割。为了保持数据分割的可重复性，这里使用 1234 的随机种子。这样，每次在任何计算机上执行数据分割时，训练和测试数据集都包含相同的样本。自变量的数据存储在训练数据的 training 和测试数据的 test 中。类似地，因变量 medv 的数据，按照相应的分割数据，存储在 trainingtarget 和 testtarget 中。

3.2.3　归一化

为了使数据归一化，可以求取训练数据中所有自变量的均值和标准差。然后使用 scale 函数进行归一化。

　对于训练和测试数据，均值和标准差都基于所使用的训练数据。

```
# Normalization
m <- colMeans(training)
sd <- apply(training, 2, sd)
training <- scale(training, center = m, scale = sd)
test <- scale(test, center = m, scale = sd)
```

数据准备步骤到此结束。应该注意的是，不同的数据集可能需要该数据集特有的额外步骤。例如，很多大型数据集可能具有大量的缺失数据值，因此可能需要额外的数据准备步骤，包括制定处理缺失值的策略，以及在必要时输入缺失值。

下一节将创建一个深度神经网络架构，然后拟合用于准确预测数值型目标变量的模型。

3.3　回归问题深度神经网络模型的创建与拟合

为了创建和拟合一个回归问题的深度神经网络模型，将使用 Keras。用于模型架构的代码如下：

请注意，具有 13 个单元的输入层和具有 1 个单元的输出层是基于数据固定的。但是，为了得到合适数量的隐藏层和每层中的单元数量，需要进行实验确定。

```
# Model architecture
model <- keras_model_sequential()
model %>%
    layer_dense(units = 10, activation = 'relu', input_shape = c(13)) %>%
    layer_dense(units = 5, activation = 'relu') %>%
    layer_dense(units = 1)
summary(model)
```

OUTPUT

Layer (type)	Output Shape	Param #
dense_1 (Dense)	(None, 10)	140
dense_2 (Dense)	(None, 5)	55
dense_3 (Dense)	(None, 1)	6

Total params: 201
Trainable params: 201
Non-trainable params: 0

由代码可见，使用 keras_model_sequential 函数创建一个序列模型。神经网络的结构用 layer_dense 函数定义。由于有 13 个自变量，input_shape 用于指定 13 个单元。第一个隐藏层有 10 个单元，relu 用作第一个隐藏层的激活函数。第二个隐藏层有 5 个单元，relu 作为激活函数。最后的输出层 layer_dense 有 1 个单元，代表一个因变量 medv。使用 summary 函数，可以打印模型汇总报告，总共显示 201 个参数。

3.3.1 参数总数计算

现在来看模型总共 201 个参数是如何得到的。dense_1 层有 140 个参数。其中，输入层中有 13 个单元与第一个隐藏层的 10 个单元两两相连，这意味着有 130 个参数（13×10）。其余 10 个参数来自第一个隐藏层中 10 个单元各个都有的偏置项。类似地，50 个参数（10×5）来自两个隐藏层之间的连接，其余 5 个参数来自第二隐藏层的 5 个单元各个都有的偏置项。最后，dense_3 有 6 个参数 [（5×1）+1]。因此，根据本例选择的神经网络模型的结构，总共有 201 个参数。

3.3.2 模型编译

定义模型架构后，使用以下代码编译模型以配置学习过程：

```
# Compile model
model %>% compile(loss = 'mse',
    optimizer = 'rmsprop',
    metrics = 'mae')
```

由代码可见，损失函数定义为均方误差（mse）。这一步还定义了 rmsprop 优化器和平均绝对误差（mae）度量指标。这样选择是因为响应变量是数值型的。

3.3.3 模型拟合

接下来，使用 fit 函数训练模型。请注意，随着模型训练的进行，在每个轮次后会得到一个结果汇总图和数值表。最后三个轮次的输出将显示在下面的代码中。最终得到训练数据和验证数据的平均绝对误差和损失。请注意，正如"第 1 章　深度学习架构与技术"所指出的，每次训练网络时，由于网络权重的随机初始化，训练和验证误差可能会有所不同。即使使用相同的随机种子对数据进行分区，也会出现这种结果。为了获得可重复的结果，最好使用 save_model_hdf5 函数保存模型，然后在需要时重新加载。

训练网络的代码如下：

```
# Fit model
model_one <- model %>%
```

```
fit(training,
trainingtarget,
epochs = 100,
batch_size = 32,
validation_split = 0.2)
```

```
OUTPUT from last 3 epochs
Epoch 98/100
284/284 [==============================] - 0s 74us/step - loss: 24.9585 -
mean_absolute_error: 3.6937 - val_loss: 86.0545 - val_mean_absolute_error:
8.2678
Epoch 99/100
284/284 [==============================] - 0s 78us/step - loss: 24.6357
-mean_absolute_error: 3.6735 - val_loss: 85.4038 - val_mean_absolute_error:
8.2327
Epoch 100/100
284/284 [==============================] - 0s 92us/step - loss: 24.3293
-mean_absolute_error: 3.6471 - val_loss: 84.8307 - val_mean_absolute_error:
8.2015
```

由代码可见，模型是以 32 个样本的小批量进行训练的，20%的数据被保留用于验证，以避免过拟合。这里运行 100 个轮次或迭代来训练网络。一旦训练过程结束，与训练过程相关的信息保存在 model_one 中，然后可用于根据所有轮次的训练和验证数据绘制损失和平均绝对误差图。代码如下：

```
plot(model_one)
```

这行代码将返回如图 3.2 所示的输出。在这里可以看见训练和验证数据（model_one）的损失和平均绝对误差。

由图 3.2 可以得出以下结论：

- 随着训练的进行，训练数据和验证数据的 mae 和 loss 值都会降低。
- 在大约 60 个轮次之后，训练数据的误差降低率降低。

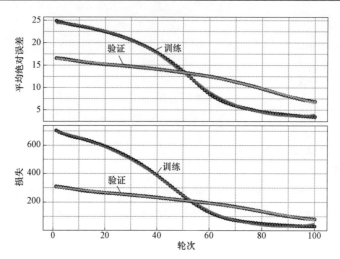

图 3.2　训练和验证数据（model_one）的损失和平均绝对误差图

开发了预测模型之后，可以通过评价模型的预测质量来评估其性能，这将在下一节进行讨论。

3.4　模型评价和预测

模型评估是获得合适的预测模型的重要步骤。一个模型可以对该模型开发所用的训练数据显示良好的性能。但是，模型的真正测试要用模型未曾见过的数据。现在来看基于测试数据的模型性能。

3.4.1　评价

使用 evaluate 函数，借助下列代码所示的测试数据，评价模型的性能。

```
# Model evaluation
model %>% evaluate(test, testtarget)

OUTPUT
## $loss
## [1] 31.14591
##
## $mean_absolute_error
```

```
## [1] 3.614594
```

从输出可见，测试数据的损失和平均绝对误差分别为 31.15 和 3.61。稍后将使用这些数值来比较和评估对当前模型进行的更改是否有助于提高预测性能。

3.4.2　预测

现在预测 test 数据的 medv 值，并利用以下代码将结果存储在 pred 中。

```
# Prediction
pred <- model %>% predict(test)
cbind(pred[1:10], testtarget[1:10])

OUTPUT
           [,1] [,2]
 [1,] 33.18942 36.2
 [2,] 18.17827 20.4
 [3,] 17.89587 19.9
 [4,] 13.07977 13.9
 [5,] 14.17268 14.8
 [6,] 19.09264 18.4
 [7,] 19.81316 18.9
 [8,] 21.00356 24.7
 [9,] 30.50263 30.8
[10,] 19.75816 19.4
```

可以使用 cbind 函数查看前 10 个预测值和实际值。输出结果的第一列显示基于模型的预测值，第二列显示实际值。由输出结果可观察到以下情况：

- 测试数据中第一个样本的预测值约为 33.19，实际值为 36.2。该模型低估响应约 3 个点。
- 对于第二个样本，该模型低估响应 2 个点以上。
- 对于第十个样本，预测值和实际值非常接近。
- 对于第六个样本，该模型高估了响应。

为了全面了解预测性能，可以采用以下代码绘制预测值与实际值的散点图。

```
plot(testtarget, pred,
     xlab = 'Actual',
     ylab = 'Prediction')
abline(a=0,b=1)
```

图 3.3 所示散点图展示了基于测试数据的预测值与实际值。

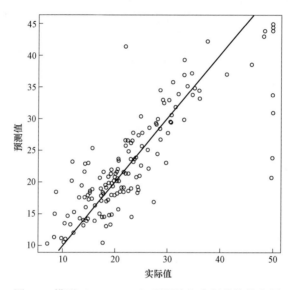

图 3.3   模型（model_one）预测值与实际值的散点图

由图 3.3 可以总览预测模型的整体性能。实际值和预测值之间的关系为正比例且近似线性。虽然可以看到该模型有不错的性能，但显然还有进一步改进的余地，使数据点更接近截距为零、斜率为 1 的理想直线。接下来将进一步探索通过开发更深层次的神经网络模型来改进模型。

3.4.3   改进

修改后的新模型将通过添加更多的层来构建更深的网络。预期额外的层将显示之前使用的较小网络无法显示的数据模式。

1. 更深层次的网络架构

用于该实验的代码如下：

```
# Model Architecture
model <- keras_model_sequential()
model %>%
 layer_dense(units = 100, activation = 'relu', input_shape = c(13)) %>%
 layer_dropout(rate = 0.4) %>%
 layer_dense(units = 50, activation = 'relu') %>%
 layer_dropout(rate = 0.3) %>%
 layer_dense(units = 20, activation = 'relu') %>%
 layer_dropout(rate = 0.2) %>%
 layer_dense(units = 1)
summary(model)
```

OUTPUT

```
 ##
 _____
 ## Layer (type)              Output Shape              Param #
 ##
 ====================================================================
 ## dense_4 (Dense)           (None, 100)               1400
 ##
 _____
 ## dropout_1 (Dropout)       (None, 100)               0
 ##
 _____
 ## dense_5 (Dense)           (None, 50)                5050
 ##
 _____
 ## dropout_2 (Dropout)       (None, 50)                0
 ##
 _____
 ## dense_6 (Dense)           (None, 20)                1020
 ##
 _____
 ## dropout_3 (Dropout)       (None, 20)                0
 ##
 _____
 ## dense_7 (Dense)           (None, 1)                 21
```

```
##
===========================================================================
## Total params: 7,491
## Trainable params: 7,491
## Non-trainable params: 0
##
```

```
# Compile model
model %>% compile(loss = 'mse',
                  optimizer = 'rmsprop',
                  metrics = 'mae')
```

```
# Fit model
model_two <- model %>%
   fit(training,
       trainingtarget,
       epochs = 100,
       batch_size = 32,
       validation_split = 0.2)
plot(model_two)
```

由以上代码可以观察到现在有三个隐藏层，分别有 100、50 和 20 个单元。在每个隐藏层之后还添加了一个暂弃层，速率分别为 0.4、0.3 和 0.2。这里举例解释暂弃层的速率。0.4 的速率意味着第一个隐藏层中 40%的单元在训练时降为零，这有助于避免过拟合。该模型的参数总数现已增加到 7491 个。请注意，在上一个模型中，参数总数是 201 个，显然这里正在形成一个更大的神经网络。接下来，将用之前使用过的相同设置来编译模型，随后将拟合模型并将结果存储在 model_two 中。

2. 结果

图 3.4 展示了训练和验证数据（model_two）在 100 个轮次内的损失和平均绝对误差。

从图 3.4 可以得出以下结论：

● 训练和验证数据的平均绝对误差和损失快速下降到低值，大约 30 个轮次后，没有看到任何重大改善。

● 没有过拟合的证据，因为训练和验证错误似乎彼此更接近。

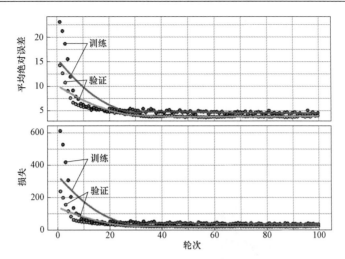

图 3.4　训练和验证数据（model_two）的损失与平均绝对误差图

可以使用以下代码来获得测试数据的损失和平均绝对误差值：

```
# Model evaluation
model %>% evaluate(test, testtarget)


OUTPUT
 ## $loss
 ## [1] 24.70368
 ##
 ## $mean_absolute_error
 ## [1] 3.02175


pred <- model %>% predict(test)
plot(testtarget, pred,
     xlab = 'Actual',
     ylab = 'Prediction')
abline(a=0,b=1)
```

使用 test 数据和 model_two 得到的损失和平均绝对误差值分别为 24.70 和 3.02。与从 model_one 获得的结果相比，改进显著。

由图 3.5 所示的预测值与实际值的散点图可以直观地看到改进效果。

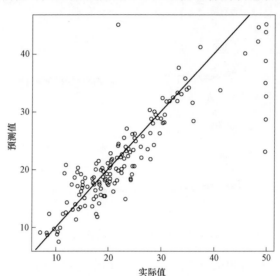

图 3.5 改进模型（model_two）预测值与实际值的散点图

由图 3.5 可以看到实际值与预测值在散点图中的分布明显小于之前的散点图中的分布。这表明与以前的模型相比，该模型预测性能更好。尽管 model_two 的表现优于之前的模型，但可以看到，目标值出现了显著的低估。所以，虽然已经开发了一个更好的模型，但还可以进一步探索改进这个预测模型的潜力。

3.5 性能优化提示与最佳实践

提高模型性能可能涉及不同的策略。这里将讨论两种主要策略：一种策略是对模型架构进行更改，并观察结果，以获得有用的见解或改进的迹象；另一种策略可能涉及目标变量的转换。本节将尝试这两种策略的组合。

3.5.1 输出变量的对数变换

为了克服在较高值时对目标变量严重低估的问题，这里尝试对目标变量进行对数变换，看看这是否有助于进一步改进模型。下一个模型对架构也做了一些小的改变。在 model_two 中，并没有发现任何与过拟合相关的重大问题或证据，因此可以稍微增加单元的数量，并略微降低暂弃的比率。下面是这个实验的代码：

```
# log transformation and model architecture
trainingtarget <- log(trainingtarget)
 testtarget <- log(testtarget)
 model <- keras_model_sequential()
 model %>%
   layer_dense(units = 100, activation = 'relu', input_shape = c(13)) %>%
   layer_dropout(rate = 0.4) %>%
   layer_dense(units = 50, activation = 'relu') %>%
   layer_dropout(rate = 0.2) %>%
   layer_dense(units = 25, activation = 'relu') %>%
   layer_dropout(rate = 0.1) %>%
   layer_dense(units = 1)
 summary(model)
```

OUTPUT
##

## Layer (type)	Output Shape	Param #
## dense_8 (Dense)	(None, 100)	1400
## dropout_4 (Dropout)	(None, 100)	0
## dense_9 (Dense)	(None, 50)	5050
## dropout_5 (Dropout)	(None, 50)	0
## dense_10 (Dense)	(None, 25)	1275
## dropout_6 (Dropout)	(None, 25)	0

```
##

## dense_11 (Dense)            (None, 1)                   26
##
=================================================================
## Total params: 7,751
## Trainable params: 7,751
## Non-trainable params: 0
##
```

将第三个隐藏层的单元数从 20 个增加到 25 个。第二个和第三个隐藏层的暂弃率也分别降低到 0.2 和 0.1。请注意，参数总数现在已经增加到 7751 个。

接下来编译模型，然后拟合模型。模型结果存储在 model _ three 中，用它来绘制图形。代码如下所示：

```
# Compile model
model %>% compile(loss = 'mse',
                  optimizer = optimizer_rmsprop(lr = 0.005),
                  metrics = 'mae')


# Fit model
 model_three <- model %>%
   fit(training,
       trainingtarget,
       epochs = 100,
       batch_size = 32,
       validation_split = 0.2)
plot(model_three)
```

图 3.6 展示了训练和验证数据（model_three）的损失和平均绝对误差。

从图 3.6 可见，虽然由于对数变换，图 3.6 中的值不能与之前图中的值进行直接比较，但是可以看到，平均绝对误差和损失的总误差在大约 50 个轮次后减小并变得稳定。

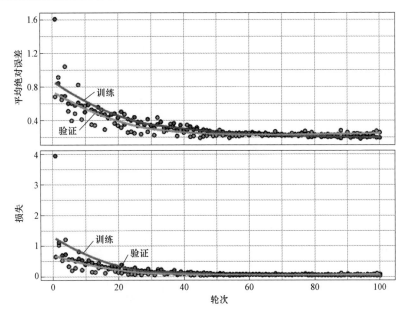

图 3.6　训练和验证数据（model_three）的损失与平均绝对误差图

3.5.2　模型性能

从以上实验还获得了这种新模型的 loss 和 mae 值，但同样地，对数标度下所获得的数值不能与之前两种模型的结果进行直接比较。

```
# Model evaluation
model %>% evaluate(test, testtarget)

OUTPUT
## $loss
 ## [1] 0.02701566
 ##
 ## $mean_absolute_error
 ## [1] 0.1194756

pred <- model %>% predict(test)
 plot(testtarget, pred)
```

根据测试数据，可得实际值（对数转换过的）与预测值的散点图，还可得到原始标度下实际值与预测值的散点图，以便与前几幅图进行比较。预测值与实际值（model_three）的散点图如图 3.7 所示。

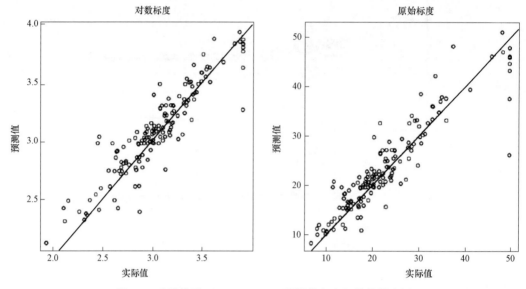

图 3.7　改进模型（model_three）预测值与实际值的散点图

由图 3.7 可见，在之前模型中观察到的显著低估的情况在对数标度和原始标度下都有所改善。在原始标度下，较高值处的数据点相对更接近对角线，这表明模型的预测性能有所提高。

3.6　本章小结

本章介绍了当响应变量为数值型变量时预测模型的开发步骤。本章从一个有 201 个参数的神经网络模型开始，接着开发了有 7000 多个参数的深度神经网络模型。读者可能已经注意到，本章使用了与前一章相比更深入、更复杂的神经网络模型。前一章为具有分类性质的目标变量开发了一个分类模型。第 2 章和第 3 章是基于结构化数据开发模型的，下一章将讨论非结构化数据的问题。更具体地说，将处理图像类型的数据，并使用深度神经网络模型来研究图像分类和识别问题。

下一章将介绍使用深度神经网络开发图像识别和预测模型所需的步骤。

第三部分　面向计算机视觉的深度学习

本部分解释如何处理图像数据以及如何利用流行的深度学习方法。本部分由五章组成，分别介绍了卷积神经网络、自编码器网络、迁移学习和生成对抗网络在计算机视觉领域的应用。

本部分包含以下章节：

- 第 4 章　图像分类与识别。
- 第 5 章　基于卷积神经网络的图像分类。
- 第 6 章　基于 Keras 的自编码器神经网络应用。
- 第 7 章　基于迁移学习的小数据图像分类。
- 第 8 章　基于生成对抗网络的图像生成。

第4章 图像分类与识别

前几章研究了分类和回归问题的深度神经网络模型的开发过程。这两种情况处理的都是结构化数据，模型属于监督学习类型，目标变量是已知的。图像或图片属于非结构化数据类别。本章将借助一个易于理解的示例，介绍使用 Keras 包如何应用深度学习网络进行图像分类和识别。本章将先从小样本开始，说明开发图像分类模型的步骤。该模型将用于涉及图像或图片标记的有监督学习场景。

Keras 包含几个用于图像分类的内置数据集，如 CIFAR10、CIFAR100、MNIST 和 fashion−MNIST。CIFAR10 包含 50 000 个 32×32 色的训练图像和 10 000 个带有 10 个标签类别的测试图像。而 CIFAR100 则包含 50 000 个 32×32 色的训练图像和 10 000 个带有多达 100 个标签类别的测试图像。MNIST 数据集有 60 000 幅用于训练的 28×28 灰度图像和 10 000 幅用于测试的带有 10 个不同数字的图像。fashion-MNIST 数据集有 60 000 幅用于训练的 28×28 灰度图像和 10 000 幅用于测试的带有 10 个 fashion 类别的图像。这些数据集已经过格式化处理，可以直接用于开发深度神经网络模型，只需要最少的数据准备相关步骤即可。但是，为了更好地处理图像数据，首先要将原始图像从计算机读入 Rstudio，再检查为构建分类模型准备图像数据所需的所有步骤。

所涉及的步骤包括探索图像数据、调整图像大小和形状、独热编码、开发顺序模型、编译模型、拟合模型、评价模型、预测以及使用混淆矩阵进行模型性能评估。

具体而言，本章涵盖以下主题：

- 处理图像数据。
- 数据准备。
- 模型创建和拟合。
- 模型评价和预测。
- 性能优化提示与最佳实践。

4.1 处理图像数据

本节将图像数据读入 R，并进一步分析数据，以了解图像数据的各种特征。读取和显示图像的代码如下：

```
# Libraries
library(keras)
library(EBImage)

# Reading and plotting images
setwd("~/Desktop/image18")
temp = list.files(pattern="*.jpg")
mypic <- list()
for (i in 1:length(temp)) {mypic[[i]] <- readImage(temp[i])}
par(mfrow = c(3,6))
for (i in 1:length(temp)) plot(mypic[[i]])
par(mfrow = c(1,1))
```

由代码可见，将使用 keras 和 EBImage 库。EBImage 库对于处理和分析图像数据非常有用。首先读取存储在计算机 image18 文件夹中的 18 幅 JPEG 图像文件。这些图像分别包含 6 幅从互联网上下载的自行车、汽车和飞机的图片。这些图像文件使用 readImage 函数读取，并存储在 mypic 中。

所有 18 幅图像如图 4.1 所示。

图 4.1　包含自行车、汽车和飞机图片的所有 18 幅图像

从图 4.1 可以看到自行车、汽车和飞机各自的 6 幅图像。读者可能已经注意到，不是所有的图片大小都一样。例如，第五辆和第六辆自行车的尺寸明显不同。同样地，第四架和第五架飞机的尺寸也明显不同。利用下面的代码再仔细查看第五辆自行车的数据：

```
# Exploring 5th image data
print(mypic[[5]])
```

```
OUTPUT
Image
  colorMode     : Color
  storage.mode  : double
  dim           : 299 169 3
  frames.total  : 3
  frames.render : 1
```

```
imageData(object)[1:5,1:6,1]
     [,1] [,2] [,3] [,4] [,5] [,6]
[1,]   1    1    1    1    1    1
[2,]   1    1    1    1    1    1
[3,]   1    1    1    1    1    1
[4,]   1    1    1    1    1    1
[5,]   1    1    1    1    1    1
```

```
hist(mypic[[5]])
```

使用 print 函数，可以查看自行车的图像（非结构化数据）是如何转换为数字（结构化数据）的。第五辆自行车的维度是 $299 \times 169 \times 3$，其相乘的结果是 151 593，即总共有 151 593 个数据点（像素）。第一个数字 299 代表以像素表示的图像宽度，第二个数字 169 代表以像素表示的图像高度。请注意，彩色图像由代表红色、蓝色和绿色的三个通道组成。从数据中提取的小表显示了 x 维的前五行数据和 y 维的前六行数据，z 维的值为 1。虽然小表中的所有值都是 1，但它们应该在 0 和 1 之间变化。

彩色图像具有红色、绿色和蓝色通道。灰度图像只有一个通道。

用第五辆自行车的这些数据点创建直方图，如图 4.2 所示。

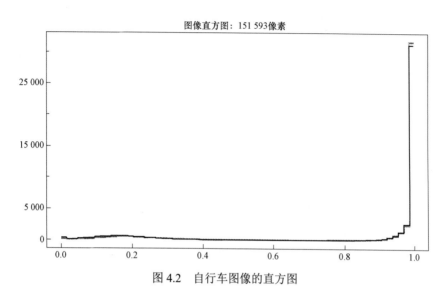

图 4.2　自行车图像的直方图

图 4.2 展示了第 5 幅图像数据的强度值（intensity value）分布。可以看出，对于该图像，大多数数据点具有高强度值。

再看看图 4.3 所示的第 16 幅图像（飞机图像）的数据直方图，以供比较。

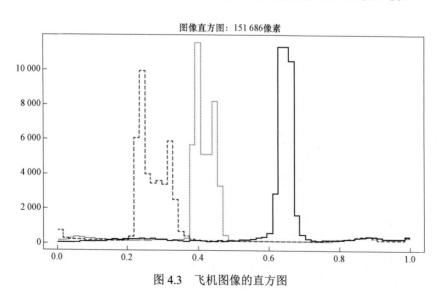

图 4.3　飞机图像的直方图

由图 4.3 可见，飞机图像对于红色、绿色和蓝色具有不同的强度值。一般来说，强度值介于 0 和 1 之间。接近 0 的数据点代表图像中较暗的颜色，而接近 1 的数据点代表图像中较亮的颜色。

利用下列代码，可以了解与第 16 幅飞机图像相关的数据：

```
# Exploring 16th image data
print(mypic[[16]])

OUTPUT

Image
 colorMode : Color
 storage.mode : double
 dim : 318 159 3
 frames.total : 3
 frames.render: 1

imageData(object)[1:5,1:6,1]
 [,1] [,2] [,3] [,4] [,5] [,6]
[1,] 0.2549020 0.2549020 0.2549020 0.2549020 0.2549020 0.2549020
[2,] 0.2549020 0.2549020 0.2549020 0.2549020 0.2549020 0.2549020
[3,] 0.2549020 0.2549020 0.2549020 0.2549020 0.2549020 0.2549020
[4,] 0.2588235 0.2588235 0.2588235 0.2588235 0.2588235 0.2588235
[5,] 0.2588235 0.2588235 0.2588235 0.2588235 0.2588235 0.2588235
```

根据代码提供的输出结果可以看到，两幅图像具有不同的维度。第 16 幅图像的维度是 $318 \times 159 \times 3$，总共有 151 686 个数据点（像素）。

为了准备这些用于开发图像分类模型的数据，首先要调整所有图像的大小，使之维度相同。

4.2 数据准备

本节将讨论为开发图像分类模型准备图像数据的步骤。这些步骤将涉及调整图像大小，使所有图像大小相同；然后形状调整、数据分割以及响应变量的独热编码。

4.2.1 尺寸与形状调整

为了准备分类模型开发所用的数据，首先使用以下代码将所有 18 幅图像的尺寸调整为相同：

```
# Resizing
for (i in 1:length(temp)) {mypic[[i]] <- resize(mypic[[i]], 28, 28)}
```

由代码可见，现在所有图像的大小都调整到了 $28 \times 28 \times 3$。利用下列代码再次绘制所有图像，看看调整大小的影响。

```
# Plot images
par(mfrow = c(3,6))
for (i in 1:length(temp)) plot(mypic[[i]])
par(mfrow = c(1,1))
```

缩小图片尺寸会减少像素数量，进而导致图片质量降低，如图 4.4 所示。

图 4.4 缩小尺寸后图片的质量

接下来，使用下列代码将维度调整为 $28 \times 28 \times 3$（或 2352 个向量）的单一维度。

```
# Reshape
for (i in 1:length(temp)) {mypic[[i]] <- array_reshape(mypic[[i]], c(28,28,3))}
str(mypic)


OUTPUT


List of 18
 $ : num [1:28, 1:28, 1:3] 1 1 1 1 1 1 1 1 1 1 ...
 $ : num [1:28, 1:28, 1:3] 1 1 1 1 1 ...
 $ : num [1:28, 1:28, 1:3] 1 1 1 1 1 1 1 1 1 1 ...
 $ : num [1:28, 1:28, 1:3] 1 1 1 1 1 1 1 1 1 1 ...
 $ : num [1:28, 1:28, 1:3] 1 1 1 1 1 1 1 1 1 1 ...
 $ : num [1:28, 1:28, 1:3] 1 1 1 1 1 1 1 1 1 1 ...
 $ : num [1:28, 1:28, 1:3] 0.953 0.953 0.953 0.953 0.953 ...
 $ : num [1:28, 1:28, 1:3] 1 1 1 1 1 1 1 1 1 1 ...
 $ : num [1:28, 1:28, 1:3] 1 1 1 1 1 1 1 1 1 1 ...
 $ : num [1:28, 1:28, 1:3] 1 1 1 1 1 1 1 1 1 1 ...
 $ : num [1:28, 1:28, 1:3] 1 1 1 1 1 1 1 1 1 1 ...
 $ : num [1:28, 1:28, 1:3] 1 1 1 1 1 1 1 1 1 1 ...
 $ : num [1:28, 1:28, 1:3] 1 1 1 1 1 1 1 1 1 1 ...
 $ : num [1:28, 1:28, 1:3] 1 1 1 1 1 1 1 1 1 1 ...
 $ : num [1:28, 1:28, 1:3] 1 1 1 1 0.328 ...
 $ : num [1:28, 1:28, 1:3] 0.26 0.294 0.312 0.309 0.289 ...
 $ : num [1:28, 1:28, 1:3] 0.49 0.49 0.49 0.502 0.502 ...
 $ : num [1:28, 1:28, 1:3] 1 1 1 1 1 1 1 1 1 1 ..
```

通过使用 str（mypic）观察输出数据的结构，可以看到列表中有 18 个不同的项，对应于开始时的 18 幅图像。

接下来将创建训练、验证和测试数据。

4.2.2　创建训练、验证和测试数据

将使用自行车、汽车和飞机的前 3 幅图像分别进行训练，利用每类的第 4 幅图像进行验证，利用每类的其余两个图像进行测试。因此，训练数据将有 9 幅图像，验证数据将有 3 幅

图像，测试数据将有 6 幅图像。实现代码如下：

```
# Training Data
a <- c(1:3, 7:9, 13:15)
trainx <- NULL
for (i in a) {trainx <- rbind(trainx, mypic[[i]]) }
str(trainx)


OUTPUT
num [1:9, 1:2352] 1 1 1 1 0.953 ...


# Validation data
b <- c(4, 10, 16)
validx <- NULL
for (i in b) {validx <- rbind(validx, mypic[[i]]) }
str(validx)


OUTPUT
num [1:3, 1:2352] 1 1 0.26 1 1 ...


# Test Data
c <- c(5:6, 11:12, 17:18)
testx <- NULL
for (i in c) {testx <- rbind(testx, mypic[[i]])}
str(testx)


OUTPUT
num [1:6, 1:2352] 1 1 1 1 0.49 ...
```

由代码可见，在创建训练、验证和测试数据时，可以使用 rbind 函数将每幅图像拥有的数据行进行组合。在组合了来自 8 幅图像的数据行之后，trainx 的结构表明有 9 行 2352 列。同样，对于验证数据，有 3 行 2352 列的结构；对于测试数据，有 6 行 2352 列的结构。

4.2.3　独热编码

响应变量独热编码的代码如下：

```
# Labels
trainy <- c(0,0,0,1,1,1,2,2,2)
validy <- c(0,1,2)
testy <- c(0,0,1,1,2,2)

# One-hot encoding
trainLabels <- to_categorical(trainy)
validLabels <- to_categorical(validy)
testLabels <- to_categorical(testy)
trainLabels
```

```
OUTPUT
      [,1] [,2] [,3]
 [1,]    1    0    0
 [2,]    1    0    0
 [3,]    1    0    0
 [4,]    0    1    0
 [5,]    0    1    0
 [6,]    0    1    0
 [7,]    0    0    1
 [8,]    0    0    1
 [9,]    0    0    1
```

由代码可以看到以下内容：

● 每幅图像的目标值存储在 trainy、validy 和 testy 中，其中 0、1 和 2 分别表示自行车、汽车和飞机图像。

● 使用 to_categorical 函数实现了 trainy、validy 和 testy 的独热编码。独热编码有助于将因子变量转换为 0 和 1 的组合。

至此，数据转换成为可以用于开发深度神经网络分类模型的格式，下一节将进行分类模型的创建。

4.3　模型创建与拟合

本节将开发一个图像分类模型，对自行车、汽车和飞机的图像进行分类。首先确定模型架构，然后编译模型，最后利用训练和验证数据拟合模型。

4.3.1　模型架构开发

开发模型架构，要从创建一个顺序模型开始，然后添加各种层。代码如下：

```
# Model architecture
model <- keras_model_sequential()
model %>%
  layer_dense(units = 256, activation = 'relu', input_shape = c(2352)) %>%
  layer_dense(units = 128, activation = 'relu') %>%
  layer_dense(units = 3, activation = 'softmax')
summary(model)
```

```
OUTPUT
```

Layer (type)	Output Shape	Param #
dense_1 (Dense)	(None, 256)	602368
dense_2 (Dense)	(None, 128)	32896
dense_3 (Dense)	(None, 3)	387

```
Total params: 635,651
Trainable params: 635,651
Non-trainable params: 0
```

由代码可见，输入层有 2352 个单元（$28 \times 28 \times 3$）。初始模型使用了两个隐藏层，分别有 256 和 128 个单元。两个隐藏层都使用 relu 作为激活函数。输出层将使用 3 个单元，因为目标变量有 3 个类，分别代表自行车、汽车和飞机。该模型的参数总数为 635 651。

4.3.2　模型编译

模型架构开发完成后，可以使用以下代码编译模型：

```
# Compile model
model %>% compile(loss = 'categorical_crossentropy',
  optimizer = 'adam',
  metrics = 'accuracy')
```

由于正在进行的是多类分类，因此使用 categorical_crossentropy 函数作为损失来编译模型。分别为优化器和度量指标指定了 adam 和 accuracy。

4.3.3　模型拟合

现在准备训练模型。代码如下：

```
# Fit model
model_one <- model %>% fit(trainx,
                           trainLabels,
                           epochs = 30,
                           batch_size = 32,
                           validation_data = list(validx, validLabels))
plot(model_one)
```

由代码可以看到以下事实：
● 使用存储在 trainx 中的 independent 变量和存储在 trainLabels 中的 target 变量来拟合模型。为了防止过拟合，将使用 validation_data。

 请注意，在前面的章节中，使用 validation_split 时要指定一定的百分比（如 20%）。但是，如果以 20% 的比率使用数据分割函数 validation_split，它将使用最后 20% 的训练数据（所有飞机图像）进行验证。

● 这会造成这样一种情况，即训练数据没有来自飞机图像的样本，分类模型只基于自行车和汽车图像。
● 因此，得到的图像分类模型会有偏差，并且仅在自行车和汽车图像上表现良好。因此，在这种情况下，不使用 validation_split 函数，而使用 validation_data，以确保在训练和验证数据中每种类型的样本都有。

图 4.5 展示了 30 个轮次的训练和验证数据（model_one）的损失和准确率。

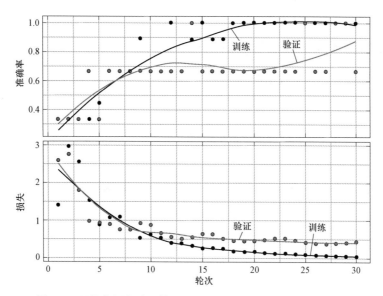

图 4.5　训练数据和验证数据（model_one）的损失与准确率图

由图 4.5 可以观察到以下情况：

● 由图 4.5 中处理准确率的部分可以看出，从第 18 个轮次开始，训练数据的准确率达到最高值 1。

● 基于验证数据的准确率基本上处于三分之二左右，即 66.7%。由于有来自 3 幅图像的数据用于验证，如果来自验证数据的所有 3 幅图像都被正确分类，则结果会显示准确率为 1。此时，三分之二的图像被正确分类，从而导致准确率为 66.7%。

● 从图 4.5 中处理损失的部分可以看出，对于训练数据，损失在 8 个轮次后从大约 3 显著下降到小于 1，而且在继续减少。但是，损失的下降速度会减慢。

● 对于验证数据，可以看到几近相同的结果。

● 由于损失计算采用的是概率值，因此可以观察到，与损失相关的图比与准确率相关的图有更清晰的趋势。

接下来将进一步评价模型的图像分类性能，以了解其行为。

4.4 模型评价和预测

本节将进行模型评价，并利用预测结果为训练和测试数据创建混淆矩阵。首先使用训练数据评价模型的图像分类性能。

4.4.1 训练数据的损失、准确率和混淆矩阵

利用下列代码可得到训练数据的损失和准确率，然后创建混淆矩阵：

```
# Model evaluation
model %>% evaluate(trainx, trainLabels)

OUTPUT
12/12 [==============================] - 0s 87us/step
$loss
[1] 0.055556579307

$acc
[1] 1

# Confusion matrix
pred <- model %>%  predict_classes(trainx)
table(Predicted=pred, Actual=trainy)

OUTPUT
        Actual
Predicted  0 1 2
        0  3 0 0
        1  0 3 0
        2  0 0 3
```

由输出结果可见，损失和准确率分别为 0.056 和 1。基于训练数据的混淆矩阵说明，所有 9 幅图像都被正确地分为三类，因此得到的准确率为 1。

4.4.2　训练数据的预测概率

现在，可以查看该模型提供的训练数据中所有 9 幅图像的三个类别的概率。代码如下：

```
# Prediction probabilities
prob <- model %>%  predict_proba(trainx)
cbind(prob, Predicted_class = pred, Actual = trainy)
```

OUTPUT

			Predicted_class	Actual
[1,] 0.9431666135788	0.007227868307	0.049605518579	0	0
[2,] 0.8056846261024	0.005127847660	0.189187481999	0	0
[3,] 0.9556384682655	0.001881886506	0.042479615659	0	0
[4,] 0.0018005876336	0.988727569580	0.009471773170	1	1
[5,] 0.0002136278927	0.998095452785	0.001690962003	1	1
[6,] 0.0008950306219	0.994426369667	0.004678600468	1	1
[7,] 0.0367377623916	0.010597365908	0.952664911747	2	2
[8,] 0.0568452328444	0.011656147428	0.931498587132	2	2
[9,] 0.0295505002141	0.011442330666	0.959007143974	2	2

输出结果的前三列展示了图像是自行车、汽车或飞机的概率，这三个概率的总和是 1。可以从输出结果观察到以下情况：

● 对于自行车、汽车和飞机，训练数据中第 1 幅图像的概率分别为 0.943、0.007 和 0.049。由于概率最高的是第一类，所以基于模型的预测类是 0（自行车），这也是图像的实际类。

● 虽然所有 9 幅图像都被正确分类，但正确分类的概率从 0.806（图像 2）到 0.998（图像 5）不等。

● 对于汽车图像（第 4 行到第 6 行），正确分类的概率在 0.989 到 0.998 之间，并且对于所有 3 幅图像来说始终很高。因此，该分类模型在对汽车图像进行分类时取得了最佳的性能。

● 对于自行车图像（第 1 行到第 3 行），正确分类的概率在 0.806 到 0.956 之间，这表明在正确分类自行车图像方面存在一些困难。

● 对于代表自行车图像的第二个样本，第二高的概率是 0.189 的飞机图像。显然，这个模型在决定这个图像是自行车还是飞机时有点混乱。

● 对于飞机图像（第 7 行到第 9 行），正确分类的概率在 0.931 到 0.959 之间，这对于所有 3 幅图像来说也始终很高。

查看预测概率有助于更深入地挖掘模型的分类性能，这是只看准确率无法得到的。但是，尽管训练数据的良好性能是必要的，但仅仅得到一个可靠的图像分类模型还是不够的。当一个分类模型遇到过拟合问题时，很难在模型未曾遇到过的测试数据上复制基于训练数据的好结果。因此，一个好的分类模型的真正测试是当它在测试数据上表现良好时。接下来将介绍针对测试数据的模型的图像分类性能。

4.4.3 测试数据的损失、准确率和混淆矩阵

利用下列代码，可以查看该模型提供的训练数据所有 9 幅图像的三个类别的概率。

```
# Loss and accuracy
model %>% evaluate(testx, testLabels)
```

```
OUTPUT
6/6 [==============================] - 0s 194us/step
$loss
[1] 0.5517520905

$acc
[1] 0.8333333
```

```
# Confusion matrix
pred <- model %>%  predict_classes(testx)
table(Predicted=pred, Actual=testy)
```

```
OUTPUT
          Actual
Predicted 0 1 2
        0 2 0 0
        1 0 1 0
        2 0 1 2
```

由输出结果可见，测试数据中图像的损失和准确率分别为 0.552 和 0.833。这些结果略低于训练数据中对应的数值。但是，当基于未曾用过的数据评价模型时，一定程度的性能下降也是意料之中的。混淆矩阵说明有一个错误分类的图像，其中汽车图像被误认为飞机图像。因此，在六个里面有五个正确分类的情况下，基于测试数据的模型准确率为 83.3%。下面再通过研究基于测试数据中图像的概率值来更深入地研究模型的预测性能。

4.4.4　测试数据的预测概率

现在可以查看测试数据中所有 6 幅图像的三个类别的概率。代码如下：

```
# Prediction probabilities
prob <- model %>%      predict_proba(testx)
cbind(prob, Predicted_class = pred, Actual = testy)

OUTPUT
```

				Predicted_class	Actual
[1,]	0.587377548218	0.02450981364	0.38811263442	0	0
[2,]	0.532718658447	0.04708640277	0.42019486427	0	0
[3,]	0.115497209132	0.18486714363	0.69963568449	2	1
[4,]	0.001700860681	0.98481327295	0.01348586939	1	1
[5,]	0.230999588966	0.03030913882	0.73869132996	2	2
[6,]	0.112148292363	0.02054920420	0.86730253696	2	2

观察这些预测概率，可以得出以下结论：

● 自行车图像被正确预测，如前两个样本所示。但是，预测概率相对较低，分别为 0.587 和 0.533。

● 汽车图像（第 3 行和第 4 行）的结果是混合的，第四个样本以 0.985 的高概率被正确预测，但是第 3 幅汽车图像以大约 0.7 的概率被错误分类为飞机。

● 飞机图像由第五个和第六个样本表示。这两幅图像的预测概率分别为 0.739 和 0.867。

● 尽管六分之五的图像被正确分类，但与模型在训练数据上的性能相比，许多预测概率相对较低。

因此，总体而言，可以说模型的性能确实还有进一步提升的空间。下一节将探讨如何提高模型的性能。

4.5 性能优化提示与最佳实践

本节将探索一个更深层次的神经网络来提高图像分类模型的性能，并将对结果进行比较。

4.5.1 更深层次的神经网络

本节中用于更深层次的神经网络实验的代码如下：

```
# Model architecture
model <- keras_model_sequential()
model %>%
  layer_dense(units = 512, activation = 'relu', input_shape = c(2352)) %>%
  layer_dropout(rate = 0.1) %>%
  layer_dense(units = 256, activation = 'relu') %>%
  layer_dropout(rate = 0.1) %>%
  layer_dense(units = 3, activation = 'softmax')
summary(model)
```

```
OUTPUT
```

Layer (type)	Output Shape	Param #
dense_1 (Dense)	(None, 512)	1204736
dropout_1 (Dropout)	(None, 512)	0
dense_2 (Dense)	(None, 256)	131328
dropout_2 (Dropout)	(None, 256)	0
dense_3 (Dense)	(None, 3)	771

```
Total params: 1,336,835
Trainable params: 1,336,835
Non-trainable params: 0
```

```
# Compile model
model %>% compile(loss = 'categorical_crossentropy',
  optimizer = 'adam',
  metrics = 'accuracy')

# Fit model
model_two <- model %>% fit(trainx,
  trainLabels,
  epochs = 30,
  batch_size = 32,
  validation_data = list(validx, validLabels))
plot(model_two)
```

由代码可以看到以下内容：
- 将第一和第二隐藏层中的单元数分别增加到 512 个和 256 个。
- 还在每个隐藏层之后添加了暂弃率为 10% 的暂弃层。
- 更改后，参数总数已增加到 1 336 835 个。
- 这里还将运行模型 50 个轮次。对模型不做任何其他更改。

图 4.6 给出了 50 个轮次的训练和验证数据（model_two）的准确率和损失。

由图 4.6 可以得到如下结论：
- 与之前的模型相比，准确率和损失有一些重大变化。
- 50 个轮次后的训练和验证数据的准确率都是 100%。
- 此外，与训练和验证相关的损失和准确率曲线的接近程度表明，这种图像分类模型不太可能出现过拟合问题。

4.5.2　结果

为了进一步分析图形摘要中不明显的模型图像分类性能的变化，讨论一些数值报告：

（1）首先查看训练数据的结果，可以使用以下代码：

```
# Loos and accuracy
model %>% evaluate(trainx, trainLabels)
OUTPUT
12/12 [==============================] - 0s 198us/step
```

```
$loss
[1] 0.03438224643

$acc
[1] 1

# Confusion matrix
pred <- model %>%  predict_classes(trainx)
table(Predicted=pred, Actual=trainy)
```

OUTPUT

```
         Actual
Predicted 0 1 2
        0 3 0 0
        1 0 3 0
        2 0 0 3
```

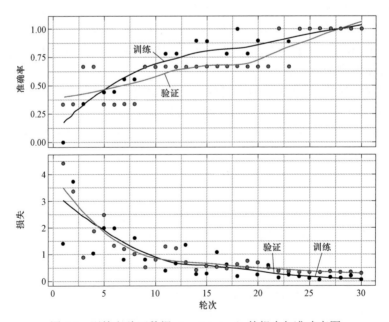

图 4.6　训练和验证数据（model_two）的损失与准确率图

由输出结果可见，损失现在已经降低到 0.034，准确率保持在 1.0。为训练数据获得了与之前相同的混淆矩阵结果，因为所有 9 幅图像都被模型正确分类，达到了 100%的准确率。

（2）为了更深入地了解模型的分类性能，可以使用以下代码和输出：

```
# Prediction probabilities
prob <- model %>%  predict_proba(trainx)
cbind(prob, Predicted_class = pred, Actual = trainy)
```

OUTPUT

			Predicted_class	Actual
[1,] 0.97638195753098	0.0071088117547	0.01650915294886	0	0
[2,] 0.89875286817551	0.0019298568368	0.09931717067957	0	0
[3,] 0.98671281337738	0.0004396488657	0.01284754090011	0	0
[4,] 0.00058794603683	0.9992876648903	0.00012432398216	1	1
[5,] 0.00005639552546	0.9999316930771	0.00001191849515	1	1
[6,] 0.00020669832884	0.9997472167015	0.00004611289114	1	1
[7,] 0.03771930187941	0.0022936603054	0.95998704433441	2	2
[8,] 0.08463590592146	0.0022607713472	0.91310334205627	2	2
[9,] 0.03016609139740	0.0019471622072	0.96788680553436	2	2

从前面作为训练数据的输出所获得的预测概率，可以得出以下结论：

- 现在使用比之前的模型更高的概率值进行正确分类。
- 基于第二行的最低正确分类概率为 0.899。
- 因此，与之前的模型相比，该模型对图像进行正确分类似乎更有把握。

（3）现在来看测试数据是否也有这种改进，可以使用以下代码和输出：

```
# Loss and accuracy
model %>% evaluate(testx, testLabels)
```

OUTPUT

```
6/6 [==============================] - 0s 345us/step
$loss
[1] 0.40148338683
```

```
$acc
[1] 0.8333333

# Confusion matrix
pred <- model %>%  predict_classes(testx)
table(Predicted=pred, Actual=testy)


OUTPUT
        Actual
Predicted 0  1  2
        0 2  0  0
        1 0  1  0
        2 0  1  2
```

如输出结果所示，测试数据的损失和准确率分别为 0.401 和 0.833。确实可以看到损失有所改善，但是准确率仍然与之前相同。查看混淆矩阵可知，这一次汽车图像被错误分类为飞机图像。因此，看不到基于混淆矩阵的任何重大差异。

（4）接着使用以下代码及其输出来确认预测概率：

```
# Prediction probabilities
prob <- model %>%  predict_proba(testx)
cbind(prob, Predicted_class = pred, Actual = testy)


OUTPUT
                                                           Predicted_class Actual
[1,] 0.7411330938339 0.015922509134 0.242944419384               0             0
[2,] 0.7733710408211 0.021422179416 0.205206796527               0             0
[3,] 0.3322730064392 0.237866103649 0.429860889912               2             1
[4,] 0.0005808877177 0.999227762222 0.000191345287               1             1
[5,] 0.2163420319557 0.009395645000 0.774262309074               2             2
[6,] 0.1447975188494 0.002772571286 0.852429926395               2             2
```

根据测试数据的预测概率，可以观察到以下两点：

● 现在看到的模式与根据训练数据观察到的模式一致。该模型以比之前模型（概率为0.53～0.98）更高的概率（0.74～0.99）对测试数据中的图像进行正确分类。

● 对于测试数据中的第四个样本，模型似乎混淆了自行车图像和飞机图像，而实际上这是一幅汽车图像。

总之，通过开发更深层次的神经网络，能够提高模型的性能。从准确率计算来看，性能改善不明显；但是，预测概率的计算有助于更进一步地了解和比较模型性能。

4.6　本章小结

本章探讨了图像数据和深度神经网络图像分类模型。本章使用了来自自行车、汽车和飞机的 18 幅图像的数据，并进行了适当的数据处理，使这些数据可以与 Keras 库一起使用。将图像数据划分为训练、验证和测试数据，然后使用训练数据开发了深度神经模型，并通过查看训练和测试数据的损失、准确率、混淆矩阵和概率值来评价模型性能。本章还对模型进行了修改，以提高其分类性能。此外，可以观察到，当混淆矩阵提供相同水平的性能时，预测概率可能有助于提取两个模型之间更细微的差异。

下一章将讨论利用卷积神经网络开发深度神经网络图像分类模型的步骤。卷积神经网络在图像分类应用中正变得非常流行。卷积神经网络被认为是图像分类问题的黄金标准，对于大规模图像分类应用非常有效。

第 5 章　基于卷积神经网络的图像分类

卷积神经网络是一种流行的深度神经网络，被认为是大规模图像分类任务的黄金标准。卷积神经网络的应用包括图像识别和分类、自然语言处理、医学图像分类等。本章将继续讨论存在响应变量的监督学习。本章介绍了基于卷积神经网络的图像分类和识别的步骤，并提供了一个易于遵循的实例，该实例利用与时尚相关的**修改后的美国国家标准与技术研究所**（Modified National Institute of Standards and Technology，MNIST）的数据。本章还利用从互联网上下载的时尚商品图片，来探索开发出的分类模型的泛化潜力。

具体而言，本章涵盖以下主题：

- 数据准备。
- 卷积神经网络的层。
- 模型拟合。
- 模型评价和预测。
- 性能优化提示与最佳实践。

5.1　数据准备

本章将使用 Keras 和 EBImage 库：

```
# Libraries
library(keras)
library(EBImage)
```

首先来看一些从互联网上下载的图片。共有 20 幅包括衬衫、包包、凉鞋、连衣裙等时尚物品的图片。这些图片是通过谷歌（Google）搜索获得的。这里尝试开发一个图像识别和分类模型，该模型识别这些图片，并将其分成适当的类别。为了开发这样一个模型，将利用时尚物品的 fashion-MNIST 数据库：

```
# Read data
setwd("~/Desktop/image20")
temp = list.files(pattern = "*.jpg")
```

```
mypic  <-  list()
for (i in 1:length(temp))  {mypic[[i]] <- readImage(temp[[i]])}
par(mfrow = c(5,4))
for (i in 1:length(temp))plot(mypic[[i]])
```

从互联网上下载的 20 幅时尚物品的图片如图 5.1 所示。

图 5.1　从互联网上下载的时尚物品的图片

接下来来看 fashion-MNIST 的数据，其包含更大量的此类时尚物品的图片。

5.1.1　fashion-MNIST 图像数据集

可以使用 dataset_fashion_mnist 函数从 Keras 访问 fashion-MNIST 数据。代码及其输出如下：

```
# MNIST data
mnist <- dataset_fashion_mnist()
str(mnist)


OUTPUT
```

```
List of 2
 $ train:List of 2
  ..$ x: int [1:60000, 1:28, 1:28] 0 0 0 0 0 0 0 0 0 0 ...
  ..$ y: int [1:60000(1d)] 9 0 0 3 0 2 7 2 5 5 ...
 $ test :List of 2
  ..$ x: int [1:10000, 1:28, 1:28] 0 0 0 0 0 0 0 0 0 0 ...
  ..$ y: int [1:10000(1d)] 9 2 1 1 6 1 4 6 5 7 ...
```

查看数据的结构可知，它包含 60 000 个图像的训练数据和 10 000 个图像的测试数据。所有图像都是 28×28 灰度图像。从上一章可知，图像可以表示为基于颜色和强度的数值型数据。自变量 x 包含强度值，因变量 y 包含从 0 到 9 的标签。

fashion-MNIST 数据集中的 10 种不同的时尚物品被标记为从 0 到 9，见表 5.1。

表 5.1   **fashion-MNIST 数据集的标签**

标签	描述
0	T-shirt/Top（T 恤衫/上衣）
1	Trouser（裤子）
2	Pullover（套衫）
3	Dress（连衣裙）
4	Coat（外套）
5	Sandal（凉鞋）
6	Shirt（衬衫）
7	Sneaker（运动鞋）
8	Bag（包）
9	Ankle Boot（短靴）

由表 5.1 可以发现，为这些图像开发一个分类模型极具挑战性，因为一些类别很难区分。

5.1.2 训练与测试数据

提取训练图像数据，将其存储在 trainx 中，而相应的标签则存储在 trainy 中。以类似的方式，针对测试数据创建 testx 和 testy。基于 trainy 的表格显示，在训练数据中，10 种不同的时尚物品各有 6000 幅图片；而在测试数据中，每种时尚物品各有 1000 幅图片。

```
#train and test data
trainx <- mnist$train$x
trainy <- mnist$train$y
testx <- mnist$test$x
testy <- mnist$test$y
table(mnist$train$y, mnist$train$y)
```

	0	1	2	3	4	5	6	7	8	9
0	6000	0	0	0	0	0	0	0	0	0
1	0	6000	0	0	0	0	0	0	0	0
2	0	0	6000	0	0	0	0	0	0	0
3	0	0	0	6000	0	0	0	0	0	0
4	0	0	0	0	6000	0	0	0	0	0
5	0	0	0	0	0	6000	0	0	0	0
6	0	0	0	0	0	0	6000	0	0	0
7	0	0	0	0	0	0	0	6000	0	0
8	0	0	0	0	0	0	0	0	6000	0
9	0	0	0	0	0	0	0	0	0	6000

```
table(mnist$test$y,mnist$test$y)
```

	0	1	2	3	4	5	6	7	8	9
0	1000	0	0	0	0	0	0	0	0	0
1	0	1000	0	0	0	0	0	0	0	0
2	0	0	1000	0	0	0	0	0	0	0
3	0	0	0	1000	0	0	0	0	0	0
4	0	0	0	0	1000	0	0	0	0	0
5	0	0	0	0	0	1000	0	0	0	0
6	0	0	0	0	0	0	1000	0	0	0
7	0	0	0	0	0	0	0	1000	0	0
8	0	0	0	0	0	0	0	0	1000	0
9	0	0	0	0	0	0	0	0	0	1000

接下来绘制训练数据中的前 64 个图像。请注意，这些是灰度图像数据，且每个图像都有黑色背景。由于图像分类模型将基于这些数据，因此之前用过的彩色图像也必须转换成灰度

图像。此外，衬衫、外套和连衣裙的图像有些难以区分，这可能会影响模型的准确率。先来看下列代码：

```
# Display images
par(mfrow = c(8,8), mar = rep(0, 4))
for (i in 1:84) plot(as.raster(trainx[i,,], max = 255))
par(mfrow = c(1,1))
```

训练数据中前 64 个图像的输出，如图 5.2 所示。

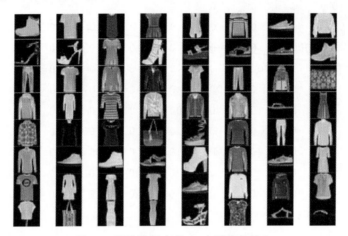

图 5.2　训练数据中前 64 个图像的输出

训练数据中第一个图像（短靴）的直方图如图 5.3 所示。

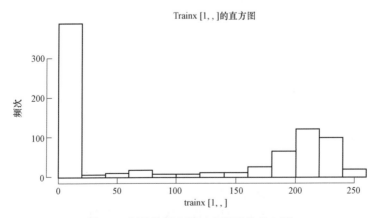

图 5.3　训练数据中第一个图像的直方图

图 5.3 中，左边最高的柱条来自捕捉图像黑色背景的低强度数据点，而表示短靴的较浅色彩的较高强度值则反映在右侧较高的柱条上。图 5.3 中的强度值范围为 0～255。

5.1.3　尺寸与形状调整

接下来将对数据调整形状、训练和测试。将训练和测试数据除以 255，使数值范围从 0～255 更改为 0～1。使用的代码如下：

```
# Reshape and resize
trainx <- array_reshape(trainx, c(nrow(trainx), 784))
testx <- array_reshape(testx, c(nrow(testx), 784))
trainx <- trainx / 255
testx <- testx / 255
str(trainx)

OUTPUT

num [1:60000, 1:784] 0 0 0 0 0 0 0 0 0 0 ...
```

之前的 trainx 结构显示，在对训练数据调整形状后，现在拥有 60 000 行 784（28×28）列的数据。

在将数据除以 255 后，得到训练数据中第一个图像（短靴）的直方图输出，如图 5.4 所示。

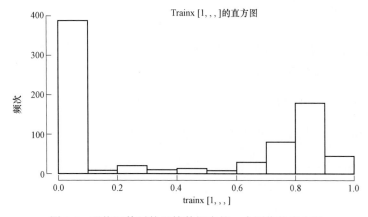

图 5.4　形状调整后的训练数据中第一个图像的直方图

图 5.4 所示的直方图显示，数据点的范围现在已更改为 0 到 1 之间的值。但是，在图 5.3

所示的直方图中观察到的形状并没有改变。

5.1.4 独热编码

接下来使用以下代码对存储在 trainy 和 testy 中的标签进行独热编码。

```
# One-hot encoding
trainy <- to_categorical(trainy, 10)
testy <- to_categorical(testy, 10)
head(trainy)
```

	[,1]	[,2]	[,3]	[,4]	[,5]	[,6]	[,7]	[,8]	[,9]	[,10]
[1,]	0	0	0	0	0	0	0	0	0	1
[2,]	1	0	0	0	0	0	0	0	0	0
[3,]	1	0	0	0	0	0	0	0	0	0
[4,]	0	0	0	1	0	0	0	0	0	0
[5,]	1	0	0	0	0	0	0	0	0	0
[6,]	0	0	1	0	0	0	0	0	0	0

完成独热编码后，训练数据的第一行表示第十类（短靴）的值为 1。类似地，训练数据的第二行表示第一类（T 恤衫/上衣）的值为 1。在完成了前面提到的更改之后，已经为开发一个图像识别和分类模型准备好了 fashion-MNIST 数据。

5.2 卷积神经网络的层

本节将开发模型架构，然后编译模型；还将进行相关计算，比较卷积神经网络与完全连接神经网络。首先，指定模型架构。

5.2.1 模型架构与相关计算

首先使用 keras_model_sequential 函数创建一个模型。用于模型架构创建的代码如下：

```
# Model architecture
model <- keras_model_sequential()
model %>%
        layer_conv_2d(filters = 32,
                      kernel_size = c(3,3),
```

```
                       activation = 'relu',
                       input_shape = c(28,28,1)) %>%
    layer_conv_2d(filters = 64,
                       kernel_size = c(3,3),
                       activation = 'relu') %>%
    layer_max_pooling_2d(pool_size = c(2,2)) %>%
    layer_dropout(rate = 0.25) %>%
    layer_flatten() %>%
    layer_dense(units = 64, activation = 'relu') %>%
    layer_dropout(rate = 0.25) %>%
    layer_dense(units = 10, activation = 'softmax')
```

如代码所示，这里增加了各种层来开发卷积神经网络模型。该网络的输入层具有 $28 \times 28 \times 1$ 的维度，考虑了图像的高度和宽度，每个维度为 28。因为使用的是灰度图像，所以彩色通道是 1。换句话说，这里使用了二维卷积层，因为正在用灰度图像构建深度学习网络模型。

 请注意，当使用灰度图像数据开发图像识别和分类模型时，使用的是二维卷积层；而对于彩色图像，则使用三维卷积层。

需要对网络的第一卷积层进行一些计算，与密集连接层相比，这些计算有助于更好地发挥卷积层的作用。在卷积神经网络中，某一层的神经元并不要求与下一层的所有神经元相连。

这里输入层具有维度为 $28 \times 28 \times 1$ 的图像。为了获得输出形状，从 28（输入图像的高度）中减去 3（从 kernel_size 中减去），再加上 1，最终为 26。输出形状的最终维度为 $26 \times 26 \times 32$，其中 32 是输出过滤器的数量。因此，输出形状的高度和宽度减小，但深度更大。为了获得参数的数量，使用 $3 \times 3 \times 1 \times 32 + 32 = 320$，其中 3×3 是 kernel_size，1 是图像的通道数量，32 是输出过滤器的数量，并在此基础上增加了 32 个偏置项。

相比卷积神经网络，完全连接神经网络的参数要多得多。在完全连接神经网络中，有 $28 \times 28 \times 1 = 784$ 个神经元将连接到 $26 \times 26 \times 32 = 21\,632$ 个神经元。因此，参数总数将为 $784 \times 21\,632 + 21\,632 = 16\,981\,120$。与卷积层相比，密集连接层的参数数量要多 53 000 多倍。相反，卷积层参数少有助于显著减少处理时间，从而降低处理成本。

每个层的参数数量在下面的代码中得以显示：

```
# Model summary
summary(model)
```

Layer (type)	Output Shape	Param #

```
===============================================================
conv2d_1 (Conv2D)              (None, 26, 26, 32)         320

conv2d_2 (Conv2D)              (None, 24, 24, 64)         18496

max_pooling2d_1 (MaxPooling2D) (None, 12, 12, 64)         0

dropout_1 (Dropout)            (None, 12, 12, 64)         0

flatten_1 (Flatten)            (None, 9216)               0

dense_1 (Dense)                (None, 64)                 589888

dropout_2 (Dropout)            (None, 64)                 0

dense_2 (Dense)                (None, 10)                 650
===============================================================
Total params: 609,354
Trainable params: 609,354
Non-trainable params: 0
```

第二个卷积神经网络的输出形状是 $24 \times 24 \times 64$，其中 64 是输出过滤器的数量。同样地，输出形状的高度和宽度也有所减少，但深度更大。为了获得参数数量，使用 $3 \times 3 \times 32 \times 64 + 64 = 18\,496$，其中 3×3 是 kernel_size，32 是前一层的过滤器数量，64 是输出过滤器的数量，并在此基础上添加了 64 个偏置项。

下一层是池化层，该层通常位于卷积层之后，并执行下采样操作。这有助于减少处理时间，也有助于减少过拟合。要获得输出形状，可以将 24 除以 2，其中 2 来自指定的池大小。这里的输出形状是 $12 \times 12 \times 64$，没有添加新的参数。池化层之后是具有相同输出形状的暂弃层，同样没有添加新的参数。

在扁平层中，将 3 个数字相乘得到 9216，可以将三维（$12 \times 12 \times 64$）转换为一维。紧接着是一个有 64 个单元的密集连接层。这里的参数数量是 $9216 \times 64 + 64 = 589\,888$。再接下来是另一个暂弃层，为避免过拟合问题，这里没有添加任何参数。最后一层是一个密集连接层，有 10 个单元，代表 10 个时尚物品。这里的参数数量是 $64 \times 10 + 10 = 650$。因此，参数总数为 609 354。在得到的卷积神经网络架构中，隐藏层使用 relu 作为激活函数，输出层使用 softmax。

5.2.2　模型编译

接下来，使用以下代码编译模型：

```
# Compile model
model %>% compile(loss = 'categorical_crossentropy',
                  optimizer = optimizer_adadelta(),
                  metrics = 'accuracy')
```

在该段代码中，损失被指定为 categorical_crossentropy（分类交叉熵），因为有 10 个类别的时尚物品。优化器则采用 optimizer_adadelta 及其推荐的默认设置。Adadelta 是一种梯度下降的自适应学习速率方法。顾名思义，它随着时间的推移而动态调整，不需要手动调整学习速度。另外，指定 accuracy 作为度量指标。

下一节将拟合图像识别和分类模型。

5.3　模型拟合

5.3.1　模型拟合代码

为了拟合模型，将继续采用在前面章节中使用的格式。以下代码用于拟合模型：

```
# Fit model
model_one <- model %>% fit(trainx,
                           trainy,
                           epochs = 15,
                           batch_size = 128,
                           validation_split = 0.2)
plot(model_one)
```

这里采用 20 个轮次，批量大小为 128，20%的训练数据被保留用于验证。由于这里使用的神经网络比之前章节中的更复杂，因此每次运行可能需要相对更多的时间。

5.3.2　准确率和损失

拟合模型后，绘制 15 个轮次的训练和验证数据损失和准确率图，如图 5.5 所示。

由图 5.5 可见，训练准确率继续增加，而最后几个轮次的验证准确率基本持平。损失则在相反方向呈现类似模式。但是，没有观察到任何重大的过拟合问题。

现在可以评价这个模型，看看这个模型的预测效果如何。

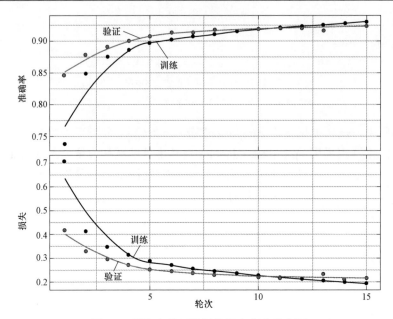

图 5.5 训练和验证数据的损失和准确率图

5.4 模型评价和预测

完成模型拟合之后，将从损失和准确率两方面评价其性能，还将创建一个混淆矩阵来评价所有 10 种时尚物品的分类性能。下面将对训练和测试数据分别进行模型评价和预测；还将获得不属于 MNIST 时尚数据的时尚物品的图像，并探究模型对于新图像的泛化性能如何。

5.4.1 训练数据

基于训练数据的损失和准确率分别为 0.115 和 0.960，如以下代码所示：

```
# Model evaluation
model %>% evaluate(trainx, trainy)

$loss  0.1151372
$acc  0.9603167
```

接下来，根据预测值和实际值创建一个混淆矩阵。

```
# Prediction and confusion matrix
pred <- model %>%  predict_classes(trainx)
table(Predicted=pred, Actual=mnist$train$y)
```

```
OUTPUT
          Actual
Predicted   0     1     2     3     4     5     6     7     8     9
        0 5655     1    53    48     1     0   359     0     2     0
        1    1  5969     2     8     1     0     3     0     0     0
        2   50     0  5642    23   219     0   197     0     2     0
        3   42    23    20  5745    50     0    50     0     3     0
        4    7     1   156   106  5566     0   122     0     4     0
        5    0     0     0     0     0  5971     0     6     1    12
        6  230     3   121    68   159     0  5263     0    11     0
        7    0     0     0     0     0    22     0  5958     3   112
        8   15     3     6     2     4     4     6     0  5974     0
        9    0     0     0     0     0     3     0    36     0  5876
```

由混淆矩阵可以得出以下结论：

● 对角线上显示的所有 10 个类别的正确分类值都很大，最低的是物品 6（衬衫），6000 个图像正确分类了 5263 个。

● 物品 8（包）的分类性能最好，模型在 6000 幅图像中正确分类了 5974 幅。

● 在代表模型错误分类的非对角线数字中，最高值为 359，其中物品 6（衬衫）被误认为物品 0（T 恤衫/上衣）。物品 0（T 恤衫/上衣）被错误归类为物品 6（衬衫）的情况有 230 次。因此，这个模型在区分物品 0 和物品 6 时确实存在困难。

通过计算前五类物品的预测概率，做进一步观察，如下面的代码所示：

```
# Prediction probabilities
prob <- model %>%  predict_proba(trainx)
prob <- round(prob, 3)
cbind(prob, Predicted_class = pred, Actual = mnist$train$y)[1:5,]
```

```
OUTPUT
```

```
                                         Predicted_class Actual
[1,] 0.000 0.000 0.000 0.000 0 0 0.000 0.001 0 0.999          9      9
[2,] 1.000 0.000 0.000 0.000 0 0 0.000 0.000 0 0.000          0      0
[3,] 0.969 0.000 0.005 0.003 0 0 0.023 0.000 0 0.000          0      0
[4,] 0.023 0.000 0.000 0.968 0 0 0.009 0.000 0 0.000          3      3
[5,] 0.656 0.001 0.000 0.007 0 0 0.336 0.000 0 0.000          0      0
```

由输出结果可见，所有五个时尚物品都被正确分类。正确分类的概率范围从 0.656（第五行的物品 0）到 1.000（第二行的物品 0）。这些概率非常高，可以实现正确分类而不会造成任何混淆。

现在来看这样的性能是否也出现在测试数据中。

5.4.2　测试数据

首先来看基于测试数据的损失和准确率：

```
# Model evaluation
model %>% evaluate(testx, testy)


$loss  0.240465
$acc   0.9226
```

可以观察到，与从训练数据获得的值相比，损失更高，准确率更低。考虑到之前观察到的验证数据的类似情况，这是意料之中的。

测试数据的混淆矩阵如下：

```
# Prediction and confusion matrix
pred <- model %>% predict_classes(testx)
table(Predicted=pred, Actual=mnist$test$y)


OUTPUT
         Actual
Predicted  0   1   2   3   4   5   6   7   8   9
        0 878   0  14  15   0   0  91   0   0   0
        1   1 977   0   2   1   0   1   0   2   0
```

```
2   22    1  899    9   55    0   65    0    2    0
3   12   14    6  921   14    0   20    0    3    0
4    2    5   34   26  885    0   57    0    0    0
5    1    0    0    0    0  988    0    8    1    6
6   74    1   43   23   43    0  755    0    2    0
7    0    0    0    0    0    6    0  969    3   26
8   10    2    4    4    2    0   11    0  987    1
9    0    0    0    0    0    6    0   23    0  967
```

由混淆矩阵可以得出以下结论：

- 该模型在物品 6（衬衫）上表现最为混乱，有 91 个例子将时尚物品归类为物品 0（T恤衫/上衣）。
- 最佳的图像识别和分类性能是物品 5（凉鞋），1000 个预测中有 988 个是正确的。
- 总体上，混淆矩阵与用训练数据观察到的模式相似。

查看测试数据中前五项的预测概率，发现所有五个预测都是正确的。所有五个项目的预测概率都很高。

```
# Prediction probabilities
prob <- model %>% predict_proba(testx)
prob <- round(prob, 3)
cbind(prob, Predicted_class = pred, Actual = mnist$test$y)[1:5,]

OUTPUT
                                      Predicted_class   Actual
[1,] 0.000 0 0.000 0 0.000 0 0.000 0 0 1        9            9
[2,] 0.000 0 1.000 0 0.000 0 0.000 0 0 0        2            2
[3,] 0.000 1 0.000 0 0.000 0 0.000 0 0 0        1            1
[4,] 0.000 1 0.000 0 0.000 0 0.000 0 0 0        1            1
[5,] 0.003 0 0.001 0 0.004 0 0.992 0 0 0        6            6
```

现在，训练和测试数据在准确率方面都有足够高的分类性能。下面来看是否可以对本章开始时使用的 20 个时尚物品图像进行同样的处理。

5.4.3　互联网上的时尚物品图像

从计算机桌面上读取 20 幅彩色图像，并将其更改为灰度图像，以保持与迄今为止使用的数据和模型的兼容性。代码如下：

```
setwd("~/Desktop/image20")
temp = list.files(pattern = "*.jpg")
mypic <- list()
for (i in 1:length(temp))  {mypic[[i]] <- readImage(temp[[i]])}
for (i in 1:length(temp))  {mypic[[i]] <- channel(mypic[[i]], "gray")}
for (i in 1:length(temp)) {mypic[[i]] <- 1-mypic[[i]]}
for (i in 1:length(temp)) {mypic[[i]] <- resize(mypic[[i]], 28, 28)}
par(mfrow = c(5,4), mar = rep(0, 4))
for (i in 1:length(temp)) plot(mypic[[i]])
```

如前所述，将所有 20 幅图像的大小调整为 28×28，得到待分类的 20 幅图像，如图 5.6 所示。

图 5.6　经过尺寸调整的待分类图像

由图 5.6 可见，有两种时尚物品属于 fashion-MNIST 数据的 10 个类别。

```
# Reshape and row-bind
for (i in 1:length(temp)) {mypic[[i]] <- array_reshape(mypic[[i]],
c(1,28,28,1))}
new <- NULL
for (i in 1:length(temp)) {new <- rbind(new, mypic[[i]])}
str(new)
```

OUTPUT

```
num [1:20, 1:784] 0.0458 0.0131 0 0 0 ...
```

接着按照所需维度调整图像形状，再对它们进行行绑定（row-bind）。查看 new 的结构，可以看到一个 20×784 的矩阵。但是，为了得到一个合适的结构，将其进一步调整为 $20 \times 28 \times 28 \times 1$，如下面的代码所示：

```
# Reshape
newx <- array_reshape(new, c(nrow(new),28,28,1))
newy <- c(0,4,5,5,6,6,7,7,8,8,9,0,9,1,1,2,2,3,3,4)
```

重新调整 new 以获得合适的格式，并将结果保存在 newx 中。使用 newy 存储 20 种时尚物品的实际标签。

现在，准备使用预测模型，并创建一个混淆矩阵，如以下代码所示：

```
# Confusion matrix for 20 images
pred <- model %>%  predict_classes(newx)
table(Predicted=pred, Actual=newy)
```

OUTPUT

	Actual									
Predicted	0	1	2	3	4	5	6	7	8	9
0	1	0	0	0	0	0	0	0	0	0
1	0	1	0	0	0	0	0	0	0	0
2	0	0	1	0	0	0	0	0	0	0
3	1	1	0	2	0	0	0	0	0	2
4	0	0	1	0	1	0	1	0	0	0

```
5 0 0 0 0 0 0 0 1 0 0
6 0 0 0 0 0 0 2 0 0 0
8 0 0 0 0 1 2 0 1 2 0
```

从对角线上的数字可以观察到，在 20 个物品中，只有 10 个物品被正确分类。这相当于只有 50%的低准确率，而训练和测试数据的准确率超过了 90%。

接下来，使用以下代码以图表的形式总结这些预测，包括预测概率、预测类别和实际类别。

```
# Images with prediction probabilities, predicted class, and actual class
setwd("~/Desktop/image20")
temp = list.files(pattern = "*.jpg")
mypic <- list()
for (i in 1:length(temp))  {mypic[[i]] <- readImage(temp[[i]])}
for (i in 1:length(temp))  {mypic[[i]] <- channel(mypic[[i]], "gray")}
for (i in 1:length(temp)) {mypic[[i]] <- 1-mypic[[i]]}
for (i in 1:length(temp)) {mypic[[i]] <- resize(mypic[[i]], 28, 28)}
predictions <-  predict_classes(model, newx)
probabilities <- predict_proba(model, newx)
probs <- round(probabilities, 2)
par(mfrow = c(5, 4), mar = rep(0, 4))
for(i in 1:length(temp)) {plot(mypic[[i]])
        legend("topleft", legend = max(probs[i,]),
              bty = "n",text.col = "white",cex = 2)
        legend("top", legend = predictions[i],
              bty = "n",text.col = "yellow", cex = 2)
        legend("topright", legend = newy[i],
              bty = "",text.col = "darkgreen", cex = 2)  }
```

图 5.7 利用预测概率、预测类别和实际类别（model-one）总结了分类模型性能。

图 5.7 中，左上位置的第一个数字是预测概率，中上位置的第二个数字是预测类别，右上位置的第三个数字是实际类别。查看这些错误分类时，显而易见的是，凉鞋（第 5 项）、运动鞋（第 7 项）和短靴（第 9 项）的所有图像居然都被错误分类。而在训练和测试数据中，这些图像的分类准确率很高。这六个错误分类导致了显著较低的准确率。

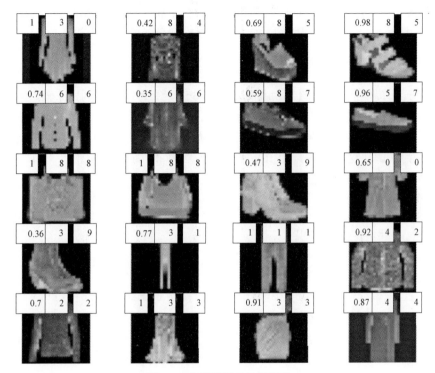

图 5.7　分类模型的性能汇总

迄今所做工作的两个关键方面可以总结如下：

● 第一个是通常所期望的。使用测试数据的模型性能通常比使用训练数据所观察到的模型性能要低。

● 第二个是结果有点出乎意料。从互联网上下载的 20 个时尚物品图片在相同的模型下准确率明显降低。

能否设计一种策略或者修改模型，以获得更好的性能。在下一节中，计划更仔细地查看数据，并找到一种方法，将在训练和测试数据中的性能（如果可能）也体现在 20 幅新图像上。

5.5　性能优化提示与最佳实践

对于任何数据分析任务，了解数据是如何收集的非常重要。使用在上一节中开发的模型，测试数据的准确率从 90%以上下降到从互联网上下载的 20 个时尚物品图像的 50%。如果这种差异得不到解决，该模型将很难很好地推广应用在不属于训练或测试数据的任何时尚物品图像，因此也不会有太大的实际用途。本节将探索模型分类性能的改进措施。

5.5.1 图像修正

查看本章开头提供的 64 幅图片，就能发现一些线索。可以观察到，凉鞋、运动鞋和短靴的图像似乎有特定的模式。一方面，在所有涉及这些时尚物品的图片中，脚趾总是被拍成指向左侧。另一方面，在从互联网上下载的三款鞋类时尚物品的图片中，可以观察到脚趾被拍成指向右侧。为了解决这个问题，用 flop 函数修改 20 件时尚物品的图片，使脚趾指向左侧。然后可以再次评价模型的分类性能。代码如下：

```
# Images with prediction probabilities, predicted class, and actual class
setwd("~/Desktop/image20")
temp = list.files(pattern = "*.jpg")
mypic <- list()
for (i in 1:length(temp)) {mypic[[i]] <- readImage(temp[[i]])}
for (i in 1:length(temp)) {mypic[[i]] <- flop(mypic[[i]])}
for (i in 1:length(temp)) {mypic[[i]] <- channel(mypic[[i]], "gray")}
for (i in 1:length(temp)) {mypic[[i]] <- 1-mypic[[i]]}
for (i in 1:length(temp)) {mypic[[i]] <- resize(mypic[[i]], 28, 28)}
predictions <- predict_classes(model, newx)
probabilities <- predict_proba(model, newx)
probs <- round(probabilities, 2)
par(mfrow = c(5, 4), mar = rep(0, 4))
for(i in 1:length(temp)) {plot(mypic[[i]])
 legend("topleft", legend = max(probs[i,]),
 bty = "",text.col = "black",cex = 1.2)
 legend("top", legend = predictions[i],
 bty = "",text.col = "darkred", cex = 1.2)
 legend("topright", legend = newy[i],
 bty = "",text.col = "darkgreen", cex = 1.2) }
```

图 5.8 展示了应用 flop（model-one）函数后的预测概率、预测类别和实际类别。

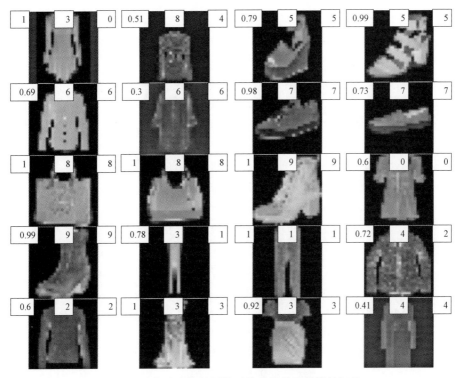

图 5.8　改变时尚物品图像后的分类模型的性能汇总

由图 5.8 可见,改变时尚物品图像的方向后,利用模型可以对凉鞋、运动鞋和短靴进行正确分类。20 个分类中有 16 个正确分类,准确率提高到 80%,而之前获得的数据是 50%。请注意,准确率的提高出自同一模型。在这里所做的唯一一件事是观察原始数据是如何收集的,然后使其与正在使用的新图像数据保持一致。接下来着手修改深度神经网络架构,以确定能否进一步改善结果。

 将预测模型推广应用到新数据之前,最好回顾一下最初是如何收集数据的,然后确保新数据在格式方面保持一致性。

这里鼓励读者做一些更进一步的实验,以探索如果 fashion-MNIST 数据中一定比例的图像被更改为它们的镜像,会发生什么。这是否有助于在不需要更改新数据的情况下更好地推广应用。

5.5.2　架构变更

这里通过增加更多的卷积层来修改卷积神经网络的架构。下面说明如何添加这些层。代码如下:

```r
# Model architecture
model <- keras_model_sequential()
model %>%
        layer_conv_2d(filters = 32, kernel_size = c(3,3),
                    activation = 'relu', input_shape = c(28,28,1)) %>%
        layer_conv_2d(filters = 32, kernel_size = c(3,3),
                    activation = 'relu') %>%
        layer_max_pooling_2d(pool_size = c(2,2)) %>%
        layer_dropout(rate = 0.25) %>%
        layer_conv_2d(filters = 64, kernel_size = c(3,3),
                    activation = 'relu') %>%
        layer_conv_2d(filters = 64, kernel_size = c(3,3),
                    activation = 'relu') %>%
        layer_max_pooling_2d(pool_size = c(2,2)) %>%
        layer_dropout(rate = 0.25) %>%
        layer_flatten() %>%
        layer_dense(units = 512, activation = 'relu') %>%
        layer_dropout(rate = 0.5) %>%
        layer_dense(units = 10, activation = 'softmax')


# Compile model
model %>% compile(loss = 'categorical_crossentropy',
                optimizer = optimizer_adadelta(),
                metrics = 'accuracy')


# Fit model
model_two <- model %>% fit(trainx,
                        trainy,
                        epochs = 15,
                        batch_size = 128,
                        validation_split = 0.2)
plot(model_two)
```

以上代码对前两个卷积层各使用 32 个过滤器，对下一组卷积层则各使用 64 个过滤器。如前所述，在每对卷积层的后面增加池化层和暂弃层。这里做的另一个改变是在密集层使用了 512 个单元。其他设置与之前的网络相似。

图 5.9 展示了训练和验证数据的损失和准确率。

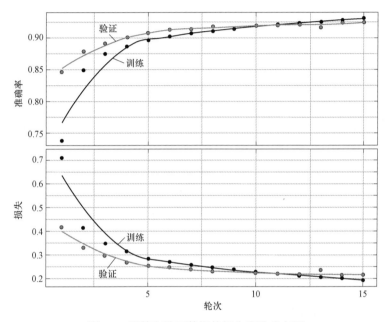

图 5.9　训练和验证数据的损失和准确率图

基于 model_two 的图 5.9 显示，与模型 model_one 相比，训练和验证数据在损失和准确率方面的表现更为接近。此外，趋向第 15 个轮次的线条变平也表明，增加轮次数不太可能有助于进一步提高分类性能。

训练数据的损失和准确率如下：

```
# Loss and accuracy
model %>% evaluate(trainx, trainy)

$loss 0.1587473
$acc 0.94285
```

该模型的损失和准确率并没有显示出重大改进，损失略高，准确率略低。

下面的混淆矩阵汇总了预测类别和实际类别：

```
# Confusion matrix for training data
pred <- model %>% predict_classes(trainx)
table(Predicted=pred, Actual=mnist$train$y)
```

OUTPUT

Predicted	Actual 0	1	2	3	4	5	6	7	8	9
0	5499	0	58	63	3	0	456	0	4	0
1	2	5936	1	5	3	0	4	0	1	0
2	83	0	5669	13	258	0	438	0	7	0
3	69	52	48	5798	197	0	103	0	6	0
4	3	3	136	49	5348	0	265	0	5	0
5	0	0	0	0	0	5879	0	3	0	4
6	309	6	73	67	181	0	4700	0	2	0
7	0	0	0	0	0	75	0	5943	1	169
8	35	3	15	5	10	3	34	0	5974	2
9	0	0	0	0	0	43	0	54	0	5825

从混淆矩阵可以得出以下结论：

● 模型在物品 6（衬衫）和物品 0（T 恤衫/上衣）之间存在最大混淆（456 个错误分类），并且在两个方向上都可观察到这种混淆，其中物品 6 被认为是物品 0，而物品 0 被认为是物品 6。

● 物品 8（包）的分类最为准确，在总共 6000 个案例中有 5974 个案例被正确分类（准确率约为 99.6%）。

● 物品 6（衬衫）在 10 个类别中的分类准确率最低，在 6000 个案例中有 4700 个案例被正确分类（准确率约为 78.3%）。

测试数据的损失、准确率和混淆矩阵结果如下：

```
# Loss and accuracy for the test data
model %>% evaluate(testx, testy)

$loss 0.2233179
$acc 0.9211
```

```
# Confusion matrix for test data
pred <- model %>% predict_classes(testx)
table(Predicted=pred, Actual=mnist$test$y)
```

OUTPUT

	Actual									
Predicted	0	1	2	3	4	5	6	7	8	9
0	875	1	18	8	0	0	104	0	3	0
1	0	979	0	2	0	0	0	0	0	0
2	19	0	926	9	50	0	78	0	1	0
3	10	14	9	936	35	0	19	0	3	0
4	2	0	30	12	869	0	66	0	0	0
5	0	0	0	0	0	971	0	2	1	2
6	78	3	16	29	45	0	720	0	1	0
7	0	0	0	0	0	18	0	988	1	39
8	16	3	1	4	1	0	13	0	989	1
9	0	0	0	0	0	11	0	10	1	958

由输出结果可见，损失低于早前模型的损失，而准确率略低于早前模型的准确率。从混淆矩阵可以得出以下结论：

- 模型在物品 6（衬衫）和物品 0（T 恤衫/上衣）之间存在最大混淆（104 个错误分类）。
- 物品 8（包）的分类最为准确，在总共 1000 个案例中有 989 个案例被正确分类（准确率约为 98.9%）。
- 物品 6（衬衫）在 10 个类别中的分类准确率最低，1000 个案例中有 720 个案例被正确分类（准确率约为 72.0%）。

因此，总体而言，这里观察到的性能与之前用训练数据观察到的性能相似。

对于从互联网上下载的 20 个时尚物品的图片，图 5.10 汇总了模型的性能。

由图 5.10 可见，这次 20 幅图像中有 17 幅被正确分类。虽然这是一个稍微好一点的性能，但还是略低于测试数据 92%的准确率。此外，请注意，由于样本小得多，因此准确率可能波动很大。

本节对 20 幅新图像进行了修改，并对卷积神经网络模型架构进行了一些更改，获得了更好的分类性能。

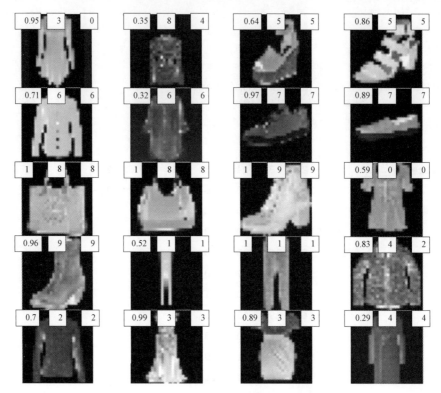

图 5.10　时尚物品图像分类模型的性能汇总

5.6　本章小结

本章展示了如何使用卷积神经网络深度学习模型进行图像识别和分类。本章利用流行的 fashion-MNIST 数据来训练和测试图像分类模型；还介绍了涉及多个参数的计算，并能够将其与密集连接的神经网络所需的参数数量进行对比。卷积神经网络模型有助于显著减少所需的参数数量，从而显著节省计算时间和资源。本章还使用了从互联网上下载的时尚物品的图片，以了解基于 fashion-MNIST 数据的分类模型是否可以推广到类似的物品图像。确实可以注意到，保持图像在训练数据中布局方式的一致性非常重要。此外，本章还展示了如何在模型架构中添加更多卷积层，以开发更深层次的卷积神经网络模型。

至此，本书已经逐渐从不太深的神经网络模型发展到更复杂、更深层次的神经网络模型。本章主要介绍了在监督学习方法下的分类应用。下一章将讨论另一类有趣的深度神经网络模型，称为自编码器。下一章将涵盖涉及自编码器网络的应用，这些网络可以在无监督学习方法下分类。

第 6 章　基于 Keras 的自编码器神经网络应用

自编码器神经网络属于无监督学习方法，其中标记过的目标值不可用。但是，由于自编码器通常使用的目标是某种形式的输入数据，所以也可以称其为自监督学习方法。本章将介绍如何使用基于 Keras 的自编码器神经网络，以及自编码器的三个应用：降维、图像去噪和图像校正。本章的例子中将使用时尚物品的图像、数字图像和包含人物的图片。

具体而言，本章涵盖以下主题：

- 自编码器的类型。
- 降维自编码器。
- 去噪自编码器。
- 图像校正自编码器。

6.1　自编码器的类型

自编码器神经网络由两个主要部分组成：

- 第一部分称为编码器，它减少了输入数据的维数。一般来说，这是一个图像。当来自输入图像的数据通过一个会导致较低维度的网络时，网络被迫仅提取输入数据的最重要特征。
- 第二部分称为解码器，它试图从编码器的输出结果中重建原始数据。自编码器神经网络是通过指定该网络应该匹配的输出来训练的。

考虑一些使用图像数据的例子。如果指定的输出与作为输入的图像相同，那么训练之后，自编码器神经网络有望提供具有较低分辨率的图像。该图像保留输入图像的关键特征，但是遗漏了原始输入图像的一些更精细的细节。这种类型的自编码器可用于降维。由于自编码器基于能够捕捉数据非线性的神经网络，所以与仅使用线性函数的方法相比，它们具有更好的性能。图 6.1 所示为自编码器神经网络的编码器和解码器部分。

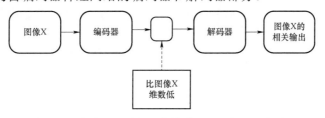

图 6.1　自编码器神经网络的编码器和解码器部分

如果训练自编码器时，需要接受包含一些噪声或不清晰的输入图像，并且输出没有任何噪声的相同图像，那么可以创建去噪自编码器。类似地，如果训练的自编码器采用戴或不戴眼镜图像、有或没有胡子图像等输入/输出图像的话，可以创建可进行图像校正/修改的网络。

接下来将介绍如何使用自编码器的三个独立示例：降维、图像去噪和图像校正。首先使用自编码器进行降维。

6.2 降维自编码器

本节将使用 fashion-MNIST 数据，指定自编码器模型架构，编译和拟合模型，然后重建图像。请注意，fashion-MNIST 是 Keras 库的一部分。

6.2.1 Fashion-MNIST 数据

这里将继续使用 Keras 和 EBImage 库。读取 fashion-MNIST 数据的代码如下：

```
# Libraries
library(keras)
library(EBImage)

# Fashion-MNIST data
mnist <- dataset_fashion_mnist()
str(mnist)
List of 2
 $ train:List of 2
  ..$ x: int [1:60000, 1:28, 1:28] 0 0 0 0 0 0 0 0 0 0 ...
  ..$ y: int [1:60000(1d)] 9 0 0 3 0 2 7 2 5 5 ...
 $ test :List of 2
  ..$ x: int [1:10000, 1:28, 1:28] 0 0 0 0 0 0 0 0 0 0 ...
  ..$ y: int [1:10000(1d)] 9 2 1 1 6 1 4 6 5 7 ...
```

这里训练数据有 6 万幅图像，测试数据有 1 万幅时尚物品图片。由于这个例子使用无监督学习方法，所以不使用可用于训练和测试数据的标签。

训练图像数据存储在 trainx 中，而测试图像数据存储在 testx 中，如以下代码所示：

```
# Train and test data
trainx <- mnist$train$x
testx <- mnist$test$x


# Plot of 64 images
par(mfrow = c(8,8), mar = rep(0, 4))
for (i in 1:64) plot(as.raster(trainx[i,,], max = 255))
```

前 64 幅时尚物品图像如图 6.2 所示。

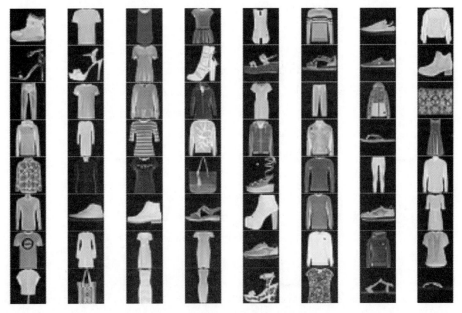

图 6.2 前 64 幅时尚物品图像

接下来，将图像数据形状调整为合适的格式，代码如下：

```
# Reshape images
trainx <- array_reshape(trainx, c(nrow(trainx), 28, 28, 1))
testx <- array_reshape(testx, c(nrow(testx), 28, 28, 1))
trainx <- trainx / 255
testx <- testx / 255
```

这里还将 trainx 和 testx 除以 255，将值范围 0～255 更改为 0～1。

6.2.2　编码器模型

指定编码器模型架构，可以使用以下代码：

```
# Encoder
input_layer <-
        layer_input(shape = c(28,28,1))
encoder <- input_layer %>%
        layer_conv_2d(filters = 8,
                    kernel_size = c(3,3),
                    activation = 'relu',
                    padding = 'same') %>%
        layer_max_pooling_2d(pool_size = c(2,2),
                        padding = 'same') %>%
        layer_conv_2d(filters = 4,
                    kernel_size = c(3,3),
                    activation = 'relu',
                    padding = 'same') %>%
        layer_max_pooling_2d(pool_size = c(2,2),
                        padding = 'same')
summary(encoder)
Output
Tensor("max_pooling2d_10/MaxPool:0", shape=(?, 7, 7, 4), dtype = float32)
```

对于编码器的输入，指定输入层，使其大小为 $28 \times 28 \times 1$。使用两个卷积层，一个有 8 个过滤器，另一个有 4 个过滤器。两个卷积层的激活函数都使用 relu。卷积层包括 padding = 'same'，它在输出时保留输入的高度和宽度。例如，第一个卷积层之后，输出的高度和宽度为 28×28。每个卷积层之后是池化层。第一个池化层之后，高度和宽度变为 14×14；第二个池化层之后，高度和宽度变为 7×7。本例中编码器网络的输出是 $7 \times 7 \times 4$。

6.2.3　解码器模型

指定解码器模型架构，可以使用以下代码：

```
# Decoder
decoder <- encoder %>%
        layer_conv_2d(filters = 4,
                      kernel_size = c(3,3),
                      activation = 'relu',
                      padding = 'same') %>%
        layer_upsampling_2d(c(2,2)) %>%
        layer_conv_2d(filters = 8,
                      kernel_size = c(3,3),
                      activation = 'relu',
                      padding = 'same') %>%
        layer_upsampling_2d(c(2,2)) %>%
        layer_conv_2d(filters = 1,
                      kernel_size = c(3,3),
                      activation = 'sigmoid',
                      padding = 'same')
summary(decoder)
Output
Tensor("conv2d_25/Sigmoid:0", shape=(?, 28, 28, 1), dtype = float32)
```

这里，编码器模型已经成为解码器模型的输入。对于解码器网络，采用类似的结构。第一卷积层具有 4 个过滤器，第二卷积层具有 8 个过滤器。此外，这里使用上采样层，而不是池化层。第一个上采样层将高度和宽度更改为 14×14，第二个上采样层将其恢复为 28×28 的原始高度和宽度。最后一层使用了 sigmoid 激活函数，它确保将输出值保持在 0 和 1 之间。

6.2.4　自编码器模型

自编码器模型和显示输出形状以及各层参数数量的模型汇总如下：

```
# Autoencoder
ae_model <- keras_model(inputs = input_layer, outputs = decoder)
summary(ae_model)
```

Layer (type)	Output Shape	Param #

input_5 (InputLayer)	(None, 28, 28, 1)	0
conv2d_21 (Conv2D)	(None, 28, 28, 8)	80
max_pooling2d_9 (MaxPooling2D)	(None, 14, 14, 8)	0
conv2d_22 (Conv2D)	(None, 14, 14, 4)	292
max_pooling2d_10 (MaxPooling2D)	(None, 7, 7, 4)	0
conv2d_23 (Conv2D)	(None, 7, 7, 4)	148
up_sampling2d_9 (UpSampling2D)	(None, 14, 14, 4)	0
conv2d_24 (Conv2D)	(None, 14, 14, 8)	296
up_sampling2d_10 (UpSampling2D)	(None, 28, 28, 8)	0
conv2d_25 (Conv2D)	(None, 28, 28, 1)	73

```
Total params: 889
Trainable params: 889
Non-trainable params: 0
```

这里，除了输入层之外，自编码器模型还有五个卷积层、两个最大池化层和两个上采样层。该自编码器模型的参数总数是 889。

6.2.5　模型的编译与拟合

接下来，使用以下代码编译并拟合模型：

```
# Compile model
ae_model %>% compile( loss='mean_squared_error',
        optimizer='adam')

# Fit model
model_one <- ae_model %>% fit(trainx,
                        trainx,
                        epochs = 20,
                        shuffle=TRUE,
```

```
batch_size = 32,
validation_data = list(testx,testx))
```

这里使用均方误差作为损失函数编译模型，并指定 adam 作为优化器。为了训练模型，使用 trainx 作为输入和输出。另外，使用 testx 进行验证；以 32 的批量大小拟合模型 20 个轮次。

图 6.3 展示了训练和验证数据的损失。

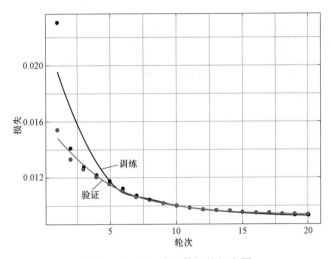

图 6.3　训练和验证数据的损失图

图 6.3 展示了良好的收敛性，并且没有任何过拟合的迹象。

6.2.6　图像重建

为了重建图像，使用 predict_on_batch 来预测使用自编码器模型的输出。该操作的代码如下：

```
# Reconstruct and plot images - train data
rc <-  ae_model %>%    keras::predict_on_batch(x = trainx)
par(mfrow = c(2,5), mar = rep(0, 4))
for (i in 1:5) plot(as.raster(trainx[i,,,]))
for (i in 1:5) plot(as.raster(rc[i,,,]))
```

训练数据（第一行）的前 5 幅时尚图像和相应的重建图像（第二行）如图 6.4 所示。

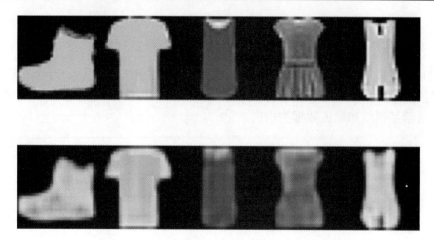

图 6.4　训练数据的前 5 幅时尚图像及其重建图像

　　不出所料，重建图像看上去抓住了训练图像的关键特征。但是，它忽略了某些更精细的细节。例如，原始训练图像中清晰可见的徽标在重建图像中变得模糊。

　　还可以使用测试数据的图像查看原始图像和重建图像。为此，可以使用以下代码：

```
# Reconstruct and plot images - train data
rc <- ae_model %>% keras::predict_on_batch(x = testx)
par(mfrow = c(2,5), mar = rep(0, 4))
for (i in 1:5) plot(as.raster(testx[i,,,]))
for (i in 1:5) plot(as.raster(rc[i,,,]))
```

图 6.5 展示了使用测试数据的原始图像（第一行）和重建图像（第二行）。

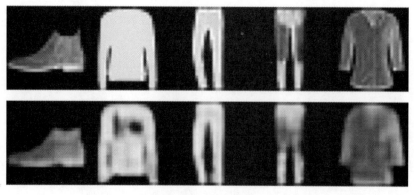

图 6.5　测试数据的时尚图像及其重建图像

这里重建图像的行为与之前基于训练数据重建图像的行为相同。

本例使用 MNIST 时尚数据构建了一个自编码器神经网络,该网络通过保留主要特征和删除涉及更精细细节的特征来实现图像降维。接下来将研究自编码器模型的另一个变体,它有助于去除图像噪声。

6.3　去噪自编码器

如果输入图像含有不想要的噪声,那么可以训练自编码器神经网络来消除此类噪声。实现方式是以带有噪声的图像作为输入,输出同一图像的清洁版本。对自编码器神经网络进行训练,以使其输出图像尽可能接近输入图像。

6.3.1　MNIST 数据

利用 Keras 包提供的 MNIST 数据来说明创建去噪自编码器神经网络所涉及的步骤。可以使用以下代码读取 MNIST 数据:

```
# MNIST data
mnist <- dataset_mnist()
str(mnist)
List of 2
 $ train:List of 2
  ..$ x: int [1:60000, 1:28, 1:28] 0 0 0 0 0 0 0 0 0 0 ...
  ..$ y: int [1:60000(1d)] 5 0 4 1 9 2 1 3 1 4 ...
 $ test :List of 2
  ..$ x: int [1:10000, 1:28, 1:28] 0 0 0 0 0 0 0 0 0 0 ...
  ..$ y: int [1:10000(1d)] 7 2 1 0 4 1 4 9 5 9 ...
```

MNIST 数据的结构表明,它包含训练和测试数据以及相应的标签。训练数据有 60 000 个从 0 到 9 的数字图像。同样地,测试数据有 10 000 个从 0 到 9 的数字图像。虽然每个图像都有一个标识图像的标签,但在本例中,不要求有标签数据,因此将忽略此信息。

这里将在 trainx 中存储训练图像,在 testx 中存储测试图像。为此,将使用以下代码:

```
# Train and test data
trainx <- mnist$train$x
testx <- mnist$test$x
```

```
# Plot
par(mfrow = c(8,8), mar = rep(0, 4))
for (i in 1:64) plot(as.raster(trainx[i,,], max = 255))
```

图 6.6 展示了取自 MNIST 中的介于 0 和 9 之间的 8 行 8 列 64 幅数字图像。

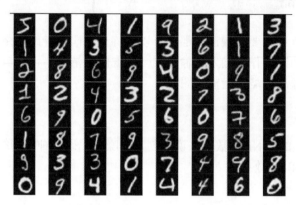

图 6.6　取自 MNIST 的数字图像

图 6.6 展示了各种书写风格的手写数字。下面将调整图像数据的形状以符合要求的格式，并向其添加随机噪声。

6.3.2　数据准备

接下来，使用以下代码来调整图像形状以满足要求的格式：

```
# Reshape
trainx <- array_reshape(trainx, c(nrow(trainx),28,28,1))
testx <- array_reshape(testx, c(nrow(testx),28,28,1))
trainx <- trainx / 255
testx <- testx / 255
```

这里调整了训练数据形状，使其大小变为 $60\,000 \times 28 \times 1$；同时调整了测试数据形状，使其大小变为 $10\,000 \times 28 \times 1$。此外，还将介于 0 和 255 之间的像素值除以 255，以获得介于 0 和 1 之间的新范围。

6.3.3 添加噪声

为了向训练图像添加噪声，需要使用以下代码，利用均匀分布获得 0 和 1 之间的 60 000×28×28 个随机数。

```
# Random numbers from uniform distribution
n <- runif(60000*28*28,0,1)
n <- array_reshape(n, c(60000,28,28,1))

# Plot
par(mfrow = c(8,8), mar = rep(0, 4))
for (i in 1:64) plot(as.raster(n[i,,,]))
```

这里正在改变使用均匀分布生成的随机数，以匹配用于训练图像的矩阵维度。结果以图像的形式绘制，表示包含噪声的结果图像。

图 6.7 所示为包含噪声的图像。

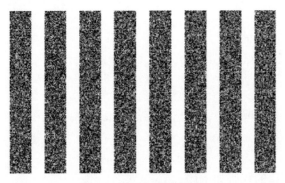

图 6.7　包含噪声的图像

噪声图像被添加到存储于 trainx 的图像中。需要将其除以 2，以便将结果 trainn 的值保持在 0 和 1 之间。使用以下代码来执行此操作：

```
# Adding noise to handwritten images - train data
trainn <- (trainx + n)/2
par(mfrow = c(8,8), mar = rep(0, 4))
for (i in 1:64) plot(as.raster(trainn[i,,,]))
```

前 64 个训练图像及其噪声如图 6.8 所示。

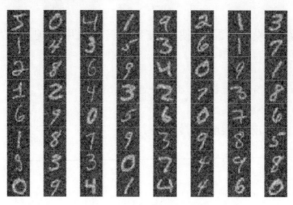

图 6.8   前 64 个训练图像及其噪声

虽然原始的手写数字图像中添加了噪声，但这些数字仍然可读。使用去噪自编码器的主要目的是训练一个保留手写数字并从图像中去除噪声的网络。

将使用以下代码对测试数据重复相同的步骤：

```
# Adding noise to handwritten images - test data
n1 <- runif(10000*28*28,0,1)
n1 <- array_reshape(n1, c(10000,28,28,1))
testn <- (testx +n1)/2
```

这里为测试图像添加了噪声，并将它们存储在 testn 中。现在可以指定编码器架构。

6.3.4   编码器模型

用于编码器网络创建的代码如下：

```
# Encoder
input_layer <-
        layer_input(shape = c(28,28,1))
encoder <-  input_layer %>%
        layer_conv_2d(filters = 32,
                    kernel_size = c(3,3),
                    activation = 'relu',
                    padding = 'same') %>%
```

```
layer_max_pooling_2d(pool_size = c(2,2),
                        padding = 'same') %>%
layer_conv_2d(filters = 32,
                kernel_size = c(3,3),
                activation = 'relu',
                padding = 'same') %>%
layer_max_pooling_2d(pool_size = c(2,2),
                        padding = 'same')
summary(encoder)
OutputTensor("max_pooling2d_6/MaxPool:0", shape=(?, 7, 7, 32),
dtype = float32)
```

这里，输入层的大小指定为 $28 \times 28 \times 1$。使用两个卷积层，每个卷积层有 32 个过滤器和一个 relu 作为激活函数。每个卷积层后面是池化层。第一个池化层之后，高度和宽度更改为 14×14；第二个池化层之后，高度和宽度更改为 7×7。本例中编码器网络的输出具有 $7 \times 7 \times 32$ 维。

6.3.5　解码器模型

对于解码器网络，这里采用相同的结构，除了用上采样层替换池化层。可以使用以下代码来执行此操作：

```
# Decoder
decoder <- encoder %>%
        layer_conv_2d(filters = 32,
                    kernel_size = c(3,3),
                    activation = 'relu',
                    padding = 'same') %>%
        layer_upsampling_2d(c(2,2)) %>%
        layer_conv_2d(filters = 32,
                    kernel_size = c(3,3),
                    activation = 'relu',
                    padding = 'same') %>%
        layer_upsampling_2d(c(2,2)) %>%
        layer_conv_2d(filters = 1,
```

```
                          kernel_size = c(3,3),
                          activation = 'sigmoid',
                          padding = 'same')
summary(decoder)
Output
Tensor("conv2d_15/Sigmoid:0", shape=(?, 28, 28, 1), dtype = float32)
```

在以上代码中，第一个上采样层将高度和宽度更改为 14×14，第二个上采样层将其恢复为原始高度和宽度的 28×28。最后一层使用了 sigmoid 激活函数，以确保输出值保持在 0 和 1 之间。

6.3.6 自编码器模型

现在，可以指定自编码器神经网络。自编码器的模型和信息汇总如下：

```
# Autoencoder
ae_model <- keras_model(inputs = input_layer, outputs = decoder)
summary(ae_model)
```

Layer (type)	Output Shape	Param #
input_3 (InputLayer)	(None, 28, 28, 1)	0
conv2d_11 (Conv2D)	(None, 28, 28, 32)	320
max_pooling2d_5 (MaxPooling2D)	(None, 14, 14, 32)	0
conv2d_12 (Conv2D)	(None, 14, 14, 32)	9248
max_pooling2d_6 (MaxPooling2D)	(None, 7, 7, 32)	0
conv2d_13 (Conv2D)	(None, 7, 7, 32)	9248
up_sampling2d_5 (UpSampling2D)	(None, 14, 14, 32)	0
conv2d_14 (Conv2D)	(None, 14, 14, 32)	9248
up_sampling2d_6 (UpSampling2D)	(None, 28, 28, 32)	0
conv2d_15 (Conv2D)	(None, 28, 28, 1)	289

```
=================================================================
Total params: 28,353
Trainable params: 28,353
Non-trainable params: 0
```

从前面的自编码器神经网络信息汇总中可以看到，总共有 28 353 个参数。接下来将使用以下代码编译该模型：

```
# Compile model
ae_model %>% compile( loss='binary_crossentropy', optimizer = 'adam')
```

 对于去噪自编码器，bianary_crossentropy 损失函数比其他选项的效果更好。

在编译自编码器模型时，将使用 bianary_crossentropy（二进制交叉熵）作为损失函数，因为输入值介于 0 和 1 之间。优化器使用 adam。在编译模型之后，准备进行模型拟合。

6.3.7　模型拟合

为了训练模型，使用存储于 trainn 的有噪声图像作为输入，存储于 trainx 中的无噪声图像作为输出。用于拟合模型的代码如下：

```
# Fit model
model_two <- ae_model %>% fit(trainn,
                              trainx,
                              epochs = 100,
                              shuffle = TRUE,
                              batch_size = 128,
                              validation_data = list(testn,testx))
```

这里还使用 testn 和 testx 来检查验证误差。批量大小为 128，运行 100 个轮次。网络训练完成后，使用以下代码获取训练和测试数据的损失：

```
# Loss for train data
ae_model %>% evaluate(trainn, trainx)
```

```
       loss
0.07431865


# Loss for test data
ae_model %>% evaluate(testn, testx)
       loss
0.07391542
```

训练和测试数据的损失分别为 0.0743 和 0.0739。这两个数字的接近程度表明不存在过拟合问题。

6.3.8 图像重建

拟合模型之后，可以使用以下代码重建图像：

```
# Reconstructing images - train data
rc <- ae_model %>%   keras::predict_on_batch(x = trainn)


# Plot


par(mfrow = c(8,8), mar = rep(0, 4))
for (i in 1:64) plot(as.raster(rc[i,,,]))
```

在以上代码中，通过提供包含在 trainn 中的噪声图像，使用 ae_model 来重建图像。如图 6.9 所示，绘制了前 64 幅重建图像，以查看噪声图像是否变得更清晰。

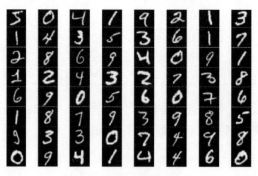

图 6.9 重建的数字图像

由图 6.9 可见，自编码器神经网络已经成功地去除了噪声。还可以使用以下代码借助 ae_model 重建测试数据的图像：

```
# Reconstructing images - test data
rc <- ae_model %>% keras::predict_on_batch(x = testn)
par(mfrow = c(8,8), mar = rep(0, 4))
for (i in 1:64) plot(as.raster(rc[i,,,]))
```

测试数据前 64 个手写数字的重建图像如图 6.10 所示。

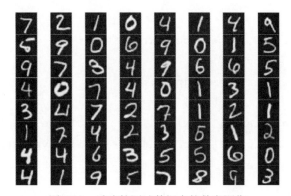

图 6.10　重建的测试数据中的数字图像

可以观察到，去噪自编码器在去除 0 到 9 的数字图像中的噪声方面做得很好。为了更仔细地观察模型的性能，可以绘制测试数据中的第一幅图像、带有噪声的对应图像以及去除噪声后的重建图像，如图 6.11 所示。

图 6.11　重建数字图像示例

在图 6.11 中，第一个图像是原始图像，第二个图像是添加噪声后获得的图像。将第二幅图像输入自编码器，再将从模型获得的结果（第三幅图像）与第一幅图像相匹配。可以看到，去噪自编码器神经网络有助于消除噪声。请注意，第三个图像无法保留在第一个图像中可以看到的原始图像的一些更精细的细节。例如，与第三幅图像相比，原始图像的"7"在开始处和朝下部分似乎稍宽。但是，第三幅图像确实成功地从含有噪声的数字"7"的图像中提取了"7"的整体轮廓。

6.4　图像修正自编码器

在自编码器的第三个应用中将介绍一个示例，即开发一个自编码器模型，删除各种图片上人为创建的标记。这里使用 25 幅图片，图片上有一条黑线。读取图像文件并执行相关处理的代码如下：

```
# Reading images and image processing
setwd("~/Desktop/peoplex")
temp = list.files(pattern="*.jpeg")
mypic <- list()
for (i in 1:length(temp)) {mypic[[i]] <- readImage(temp[i])}
for (i in 1:length(temp)) {mypic[[i]] <- resize(mypic[[i]], 128, 128)}
for (i in 1:length(temp)) {dim(mypic[[i]]) <- c(128, 128,3)}
```

在以上代码中，从 peoplex 文件夹读取.jpeg 图像，并调整这些图像的大小，使其具有 128×128 的高度和宽度；还将图像尺寸更新为 $128 \times 128 \times 3$，因为所有图像都是彩色图像。

6.4.1　需要修正的图像

使用以下代码组合 25 幅图像，然后绘制它们：

```
# Combine and plot images
trainx <- combine(mypic)
str(trainx)
Formal class 'Image' [package "EBImage"] with 2 slots
  ..@ .Data   : num [1:128, 1:128, 1:3, 1:16] 0.04435 0 0.00357 0.05779
0.05815 ...
  ..@ colormode: int 2
trainx <- aperm(trainx, c(4,1,2,3))
par(mfrow = c(4,4), mar = rep(0, 4))
for (i in 1:16) plot(as.raster(trainx[i,,,]))
```

　　这里将涉及所有 25 幅图像的数据合并到 trainx 后保存。查看 trainx 的结构便可看到，在合并图像数据后，维度变为 128×128×3×16。为了将其更改为所需的 16×128×128×3 格式，这里使用了 aperm 函数。然后，绘制所有 25 幅图像。请注意，如果图像可以旋转，则可以在任何计算机上轻松地将其调整到正确的方向。图 6.12 所示为 25 幅图片，所有图片上都有一条黑线。

图 6.12　需要修正的带黑线的图像

　　在该应用中，自编码器模型将使用这些带黑线的图像作为输入，并加以训练，以便删除黑线。

6.4.2　图像清洗

　　这里还要读取没有黑线的相同的 25 幅图像，并将其保存在 trainy 中，代码如下：

```
# Read image files without black line
setwd("~/Desktop/people")
```

```
temp = list.files(pattern="*.jpg")
mypic <- list()
for (i in 1:length(temp)) {mypic[[i]] <- readImage(temp[i])}
for (i in 1:length(temp)) {mypic[[i]] <- resize(mypic[[i]], 128, 128)}
for (i in 1:length(temp)) {dim(mypic[[i]]) <- c(128, 128,3)}
trainy <- combine(mypic)
trainy <- aperm(trainy, c(4,1,2,3))
par(mfrow = c(4,4), mar = rep(0, 4))
for (i in 1:16) plot(as.raster(trainy[i,,,]))
par(mfrow = c(1,1))
```

调整图像大小和更改尺寸后，将合并图像，就像之前所做的那样。还需要对尺寸进行一些调整，以获得所需的格式。接下来，绘制所有 25 幅干净的图像，如图 6.13 所示。

图 6.13　输出的清洁图像

训练自编码器神经网络时，将使用这些干净图像作为输出。接下来将指定编码器模型架构。

6.4.3　编码器模型

对于编码器模型，将使用带有 512、512 和 256 个过滤器的三个卷积层，代码如下：

```
# Encoder network
```

```
input_layer <- layer_input(shape = c(128,128,3))
encoder <- input_layer %>%
        layer_conv_2d(filters = 512, kernel_size = c(3,3), activation =
'relu', padding = 'same') %>%
        layer_max_pooling_2d(pool_size = c(2,2),padding = 'same') %>%
        layer_conv_2d(filters = 512, kernel_size = c(3,3), activation =
'relu', padding = 'same') %>%
        layer_max_pooling_2d(pool_size = c(2,2), padding = 'same') %>%
        layer_conv_2d(filters = 256, kernel_size = c(3,3), activation =
'relu', padding = 'same') %>%
        layer_max_pooling_2d(pool_size = c(2,2), padding = 'same')
summary(encoder)
Output
Tensor("max_pooling2d_22/MaxPool:0", shape=(?, 16, 16, 256), dtype = float32)
```

这里编码器网络的大小为 $16 \times 16 \times 256$。其他特征与前两个示例中使用的编码器模型相似。现在，指定自编码器神经网络的解码器架构。

6.4.4　解码器模型

对于解码器模型，前三个卷积层分别有 256、512 和 512 个过滤器，代码如下：

```
# Decoder network
decoder <- encoder %>%
        layer_conv_2d(filters = 256, kernel_size = c(3,3), activation =
'relu', padding = 'same') %>%
        layer_upsampling_2d(c(2,2)) %>%
        layer_conv_2d(filters = 512, kernel_size = c(3,3), activation =
'relu', padding = 'same') %>%
        layer_upsampling_2d(c(2,2)) %>%
        layer_conv_2d(filters = 512, kernel_size = c(3,3), activation =
'relu', padding = 'same') %>%
        layer_upsampling_2d(c(2,2)) %>%
        layer_conv_2d(filters = 3, kernel_size = c(3,3), activation =
```

```
'sigmoid', padding = 'same')
summary(decoder)
Output
Tensor("conv2d_46/Sigmoid:0", shape=(?, 128, 128, 3), dtype = float32)
```

这里使用了上采样层。最后一个卷积层使用了一个 sigmoid 激活函数。最后一个卷积层之所以使用了 3 个过滤器，是因为使用的是彩色图像。最后，解码器模型的输出具有 $128 \times 128 \times 3$ 维。

6.4.5　模型编译与拟合

现在着手编译和拟合模型，代码如下：

```
# Compile and fit model
ae_model <- keras_model(inputs = input_layer, outputs = decoder)
ae_model %>% compile( loss='mse',
          optimizer='adam')
model_three <- ae_model %>% fit(trainx,
                        trainy,
                        epochs = 100,
                        batch_size = 128,
                        validation_split = 0.2)
plot(model_three)
```

在以上代码中，使用均方误差作为损失函数来编译自编码器模型，并指定 adam 作为优化器。使用包含带黑线的图像的 trainx 作为模型的输入，而使用包含干净图像的 trainy 作为模型试图匹配的输出。指定轮次数为 100，批量大小为 128。采用 0.2（或 20%）的验证分割比例，将 25 幅图像中的 20 幅用于训练，其他 5 幅用于计算验证误差。

图 6.14 展示了训练和验证数据的 100 个轮次的均方误差。

图 6.14 所示的均方误差图表明，随着模型训练的进行，基于训练和验证数据的模型性能有所改善。还可以看到，在大约 80 到 100 个轮次之间，模型的性能变得近乎平坦。除此之外，增加轮次数也不太可能进一步提高模型性能。

6.4.6　基于训练数据的图像重建

现在，可以利用已获得的模型从训练数据中重建图像。为此，可以使用以下代码：

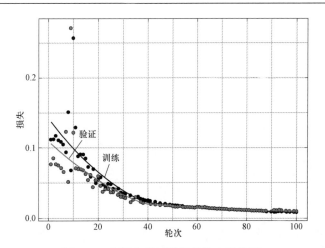

图 6.14　训练和验证数据的均方误差图

```
# Reconstructing images - training
rc <- ae_model %>% keras::predict_on_batch(x = trainx)
par(mfrow = c(5,5), mar = rep(0, 4))
for (i in 1:25) plot(as.raster(rc[i,,,]))
```

在以上代码中，使用 predict_on_batch 在输入 trainx 后重建图像，trainx 包含带黑线的图像。所有 25 幅重建图像如图 6.15 所示。

由图 6.15 可见，自编码器模型已学会删除输入图像中的黑线。图片有些模糊，因为自编码器模型试图只输出图像的主要特征，而忽略某些细节。

6.4.7　基于新数据的图像重建

为了用新的和没见过的数据测试自编码器模型，将使用 25 幅新图像，这些图像带有黑线。为此，将使用以下代码：

```
# 25 new images
setwd("~/Desktop/newx")
temp = list.files(pattern="*.jpg")
mypic <- list()
for (i in 1:length(temp)) {mypic[[i]] <- readImage(temp[i])}
for (i in 1:length(temp)) {mypic[[i]] <- resize(mypic[[i]], 128, 128)}
for (i in 1:length(temp)) {dim(mypic[[i]]) <- c(128, 128,3)}
```

```
newx <- combine(mypic)
newx <- aperm(newx, c(4,1,2,3))
par(mfrow = c(4,4), mar = rep(0, 4))
for (i in 1:16) plot(as.raster(newx[i,,,]))
```

图 6.15　重建图像

　　由代码可见，读取新的图像数据，然后格式化所有图像，就像之前所做的那样。图 6.16 展示了所有 25 幅带有黑线的新图像。

　　所有 25 幅图像上都带有一条黑线。这里将利用这些新图像中的数据，以及为消除黑线而开发的自编码器模型重建图像。用于重建和绘制图像的代码如下：

```
# Reconstructing images - new images
rc <- ae_model %>% keras::predict_on_batch(x = newx)
par(mfrow = c(5,5), mar = rep(0, 4))
for (i in 1:25) plot(as.raster(rc[i,,,]))
```

图 6.16　带有黑线的新图像

图 6.17 展示了使用自编码器模型后重建的图像，该模型基于带有一条黑线的 25 幅新图像。

图 6.17　使用自编码器模型重建的图像

图 6.17 再次展示，自编码器模型成功地删除了所有图像中的黑线。但是，正如之前观察到的，图像质量不高。这个例子提供了值得期待的结果。如果获得的结果也有更高质量的图像输出，那么模型就可以用于几种不同的情况。例如，可以将戴眼镜的图像重建为不戴眼镜的图像，反之亦然；或者可以将没有微笑的人的图像重建为带微笑的人的图像。这种方法有几种变体，可能具有重大的商业价值。

6.5　本章小结

本章介绍了自编码器神经网络的三个应用示例。第一种自编码器涉及降维应用。使用的自编码器神经网络架构只允许了解输入图像的关键特性。第二种自编码器使用包含数字图像的 MNIST 数据。人为地将噪声添加到数字图像中，并训练网络，使其学会去除输入图像中的噪声。第三种自编码器涉及图像的修正。这种自编码器神经网络经过训练，可以删除输入图像中的黑线。

下一章将介绍另一类深度学习网络，称为**迁移学习**，并将其用于图像分类。

第 7 章　基于迁移学习的小数据图像分类

前几章介绍了深度学习网络的开发，并探索了与图像数据相关的各种应用。与本章将要讨论的内容相比，一个主要的区别在于，前面的章节从头开发模型。

迁移学习可以定义为一种方法，即重用经过训练的深度学习网络所学的知识来解决一个新的但相关的问题。例如，可能要重用一个已开发用于分类数千种不同的时尚物品的深度学习网络，以开发另一个深度学习网络来分类三种不同类型的服装。这种方法与在现实生活中观察到的类似，即教师将多年来习得的知识或认识传授给学生，教练将认识或经验传授给新球员等。另一个例子是，将学习骑自行车的心得转化为学习骑摩托车的知识，而这对学习如何驾驶汽车也很有用。

本章将在开发图像分类模型时使用预训练的深度学习网络。预先训练的模型允许将从更大的数据集中学到的有用特征转移到令人感兴趣的模型，这些模型使用一个稍微相似但相对较小的新数据集开发得到。使用预训练模型不仅可以克服由于数据集较小而导致的问题，而且有助于减少开发模型的时间和成本。

具体而言，本章涵盖以下主题：

- 使用预训练模型识别图像。
- 使用 CIFAR10 数据集。
- 基于卷积神经网络的图像分类。
- 基于预训练 RESNET50 模型的图像分类。
- 模型评价和预测。
- 性能优化提示与最佳实践。

7.1　使用预训练模型识别图像

首先加载本节所需的三个包：

```
# Libraries used
library(keras)
library(EBImage)
library(tensorflow)
```

Keras 和 TensorFlow 库将用于开发预训练图像分类模型，而 EBImage 库将用于处理和可视化图像数据。

Keras 中可用的预训练图像分类模型包括：

- Xception。
- VGG16。
- VGG19。
- ResNet50。
- InceptionV3。
- InceptionResNetV2。
- MobileNet。
- MobileNetV2。
- DenseNet。
- NASNet。

这些预训练模型用来自 ImageNet（http://www.image-net.org/）的数据训练得到。ImageNet 是一个庞大的图像数据库，包含数百万幅图像。

首先使用称为 resnet50 的预训练模型来识别图像。以下是可以用来利用该预训练模型的代码：

```
# Pretrained model
pretrained <- application_resnet50(weights = "imagenet")
summary(pretrained)
```

这里已将 weights 指定为"imagenet"。这样就可以重用 RESNET50 网络的预训练权重。RESNET50 是一个深为 50 层的深度残差网络，包括卷积神经网络层。请注意，如果只想使用没有预训练权重的模型架构，并且希望从头开始训练，那么可以将 weights 指定为 null。通过使用 summary，可以得到 RESNET50 网络的架构。但是，为了节省空间，不提供 summary 的任何输出。该网络的参数总数为 25 636 712。RESNET50 网络经过使用 ImageNet 中 100 多万幅图像的训练，能够将图像分类为 1000 个不同的类别。

7.1.1　图像读取

首先读取 RStudio 中狗的图像。可以利用下列代码加载图像文件，然后获得相应的输出。

使用 RESNET50 网络时，最大允许目标尺寸为 224×224，而最小允许目标尺寸为 32×32。

```
# Read image data
setwd("~/Desktop")
img <- image_load("dog.jpg", target_size = c(224,224))
x <- image_to_array(img)
str(x)
OUTPUT
num [1:224, 1:224, 1:3] 70 69 68 73 88 79 18 22 21 20 ...

# Image plot
plot(as.raster(x, max = 255))

# Summary and histogram
summary(x)
OUTPUT
Min. 1st Qu. Median Mean 3rd Qu. Max.
0.0 89.0 150.0 137.7 190.0 255.0
hist(x)
```

由以上代码可以观察到以下情况：

● 使用来自 Keras 的 image_load（）函数，从计算机桌面加载一幅 224×224 大小的诺维奇（Norwich）梗犬的图片。

● 请注意，原始图像的大小可能不是 224×224。但是，在加载图像时指定该维度可以轻松调整原始图像的大小，使其具有新维度。

● 使用 image_to_array（）函数将该图像转换为数字数组。数组结构显示，维度为 224×224×3。

● 数组汇总信息显示它包含 0 到 255 之间的数字。

图 7.1 所示为一只诺维奇梗犬的 224×224 彩色图片，可使用 plot 命令获得：

图 7.1 所示为一只诺维奇梗犬坐着向前看的照片。这幅图片将用来检查 RESNET50 模型能否准确地预测图片中狗的类型。

图 7.1 诺维奇梗犬图片

根据数组中的值生成的直方图如图 7.2 所示。

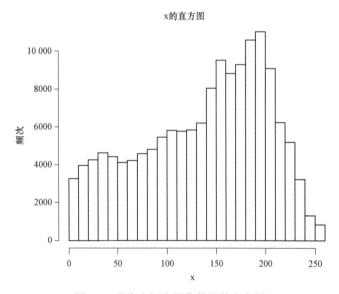

图 7.2 诺维奇梗犬图像数据的直方图

数组值的直方图显示强度值范围为 0～255，大多数值集中在 200 左右。接下来将对图像数据进行预处理。该直方图可用于将更改的结果与图像数据进行比较。

7.1.2　输入数据预处理

现在，可以对输入数据进行预处理，以使其可以与预训练的 RESNET50 模型一起使用。数据预处理的代码如下：

```
# Preprocessing of input data
x <- array_reshape(x, c(1, dim(x)))
x <- imagenet_preprocess_input(x)
hist(x)
```

由以上代码可以观察到以下情况：

- 应用 array_reshape（）函数后，数组尺寸将改为 $1 \times 224 \times 224 \times 3$。
- 使用 imagnet_preprocess_input（）函数将数据转换为预训练模型要求的格式。

预处理后的数据直方图如图 7.3 所示。

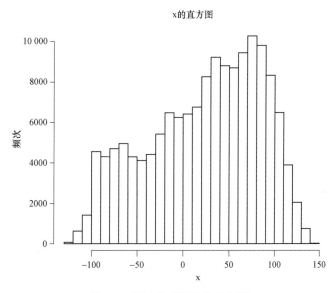

图 7.3　预处理后数据的直方图

预处理后的数据值在直方图中的位置发生了变化。现在大多数的值集中在 50 到 100 之间。但是，直方图的整体模式没有发生重大变化。

7.1.3 前五类别

现在，可以以预处理后的图像数据作为输入，使用预训练模型进行预测。实现代码如下：

```
# Predictions for top 5 categories
preds <- pretrained %>% predict(x)
imagenet_decode_predictions(preds, top = 5)[[1]]
Output
  class_name    class_description         score
1 n02094258       Norwich_terrier  0.769952953
2 n02094114       Norfolk_terrier  0.126662806
3 n02096294    Australian_terrier  0.046003290
4 n02096177                 cairn  0.040896162
5 n02093991         Irish_terrier  0.005021056
```

由以上代码可以观察到以下情况：

● 使用 predict 函数进行预测，其中包含 1000 个不同类别的概率，而概率最高的前五个类别由 imagenet_decode_predictions（）函数获得。

● 最高分数约为 0.769 9，正确地识别出这是一只诺维奇梗犬的图片。

● 第二高的分数是诺福克（Norfolk）梗犬，它看起来与诺维奇梗犬非常相似。

● 预测还表明，这幅图片可能是另一种类型的梗犬的图片。但是，这些概率相对较小或可以忽略不计。

下一节将考虑更大的图像数据集，而不是单个图像，并使用预训练网络开发图像分类模型。

7.2 处理 CIFAR10 数据集

为了说明如何使用预训练模型处理新数据，这里考虑使用 CIFAR10 数据集。CIFAR 代表加拿大高等研究院（Canadian Institute For Advanced Research），10 意味着数据包含的 10 类图像。CIFAR10 数据集是 Keras 库的一部分，获取该数据集的代码如下：

```
# CIFAR10 data
data <- dataset_cifar10()
str(data)
OUTPUT
```

```
List of 2
 $ train:List of 2
  ..$ x: int [1:50000,1:32,1:32,1:3] 59 154 255 28 170 159 164 28 134 125 ...
  ..$ y: int [1:50000,1] 6 9 9 4 1 1 2 7 8 3 ...
 $ test :List of 2
  ..$ x: int [1:10000,1:32,1:32,1:3] 158 235 158 155 65 179 160 83 23 217 ...
  ..$ y: num [1:10000,1] 3 8 8 0 6 6 1 6 3 1 ...
```

由以上代码可以观察到以下情况：
- 可以使用 dataset_cifar10（）函数读取数据集。
- 数据结构显示，有 50 000 幅带标签的训练图像可用。
- 还包含 10 000 幅带有标签的测试图像。

接下来，使用以下代码从 CIFAR10 中提取训练和测试数据：

```
# Partitioning the data into train and test
trainx <- data$train$x
testx <- data$test$x
trainy <- to_categorical(data$train$y, num_classes = 10)
testy <- to_categorical(data$test$y, num_classes = 10)


table(data$train$y)
OUTPUT
   0    1    2    3    4    5    6    7    8    9
5000 5000 5000 5000 5000 5000 5000 5000 5000 5000


table(data$test$y)
OUTPUT
   0    1    2    3    4    5    6    7    8    9
1000 1000 1000 1000 1000 1000 1000 1000 1000 1000
```

由以上代码可以观察到以下情况：
- 训练图像数据存储于 trainx，而测试图像数据存于 testx。
- 还利用 to_categorical（）函数对训练和测试数据标签进行了独热编码，并将结果分别保存在 trainy 和 testy 中。

- 训练数据表表明，图像被分为 10 个不同的类别，每个类别正好包含 5000 幅图像。
- 类似地，测试数据包含 10 个类别的图像，每个类别正好 1000 幅图像。

例如，可以使用以下代码获得训练数据前 64 幅图像的标签：

```
# Category Labels
data$train$y[1:64,]
 [1] 6 9 9 4 1 1 2 7 8 3 4 7 7 2 9 9 9 3 2 6 4 3 6 6 2 6 3 5 4 0 0 9 1
[34] 3 4 0 3 7 3 3 5 2 2 7 1 1 1 2 2 0 9 5 7 9 2 2 5 2 4 3 1 1 8 2
```

可见，每幅图像都使用 0 到 9 之间的数字进行了标记。表 7.1 给出了 10 种不同类别图像的描述。

表 7.1 10 种不同类别图像的描述

标签	描述
0	Airplane（飞机）
1	Automobile（汽车）
2	Bird（鸟）
3	Cat（猫）
4	Deer（鹿）
5	Dog（狗）
6	Frog（青蛙）
7	Horse（马）
8	Ship（船）
9	Truck（卡车）

请注意，这 10 个类别之间没有重叠。例如，汽车类别指轿车和 SUV，而卡车类别仅指大型卡车。

7.2.1 样本图像

可以使用以下代码绘制来自 CIFAR10 的训练数据的前 64 幅图像。这样就可以大致了解数据集中包含的图像类型。

```
# Plot of first 64 pictures
par(mfrow = c(8,8), mar = rep(0, 4))
```

```
for (i in 1:64) plot(as.raster(trainx[i,,,], max = 255))
par(mfrow = c(1,1))
```

CIFAR10 的图像均为 32×32 彩色图像。图 7.4 展示了 8×8 网格中的 64 幅图像。

图 7.4　CIFAR10 的彩色图像

　　由图 7.4 可以看出，这些图像具有不同的背景且分辨率较低。此外，有时这些图像并不完全可见，这使得图像分类成为一项具有挑战性的任务。

7.2.2　预处理和预测

　　可以使用预训练的 RESNET50 模型来识别训练数据中的第二幅图像。请注意，由于训练数据中的第二幅图像大小为 32×32，而训练 RESNET50 模型的图像大小为 224×224，因此在应用之前所用的代码前，需要调整图像的大小。以下代码用于识别图像：

```
# Pre-processing and prediction
```

```
x <- resize(trainx[2,,,], w = 224, h = 224)
x <- array_reshape(x, c(1, dim(x)))
x <- imagenet_preprocess_input(x)
preds <- pretrained %>% predict(x)
imagenet_decode_predictions(preds, top = 5)[[1]]
OUTPUT
  class_name     class_description            score
1  n03796401           moving_van      9.988740e-01
2  n04467665        trailer_truck      7.548324e-04
3  n03895866        passenger_car      2.044246e-04
4  n04612504                 yawl      2.441246e-05
5  n04483307             trimaran      1.862814e-05
```

由以上代码可以观察到，得分为 0.998 8 的顶级类别是搬运车，其他四个类别的分数相对来说微不足道。

7.3　基于卷积神经网络的图像分类

本节将使用 CIFAR10 数据集的一个子集来开发基于卷积神经网络的图像分类模型，并评估其分类性能。

7.3.1　数据准备

这里仅使用来自 CIFAR10 的训练和测试数据中的前 2000 幅图像，以保持较小规模的数据。这样，图像分类模型在普通计算机或笔记本计算机上也能运行。还将训练和测试图像的大小从 32×32 维调整到 224×224 维，以便能够比较预训练模型的分类性能。以下代码包括在本章前面讨论过的必要的预处理：

```
# Selecting first 2000 images
trainx <- data$train$x[1:2000,,,]
testx <- data$test$x[1:2000,,,]

# One-hot encoding
trainy <- to_categorical(data$train$y[1:2000,], num_classes = 10)
```

```
testy <- to_categorical(data$test$y[1:2000,] , num_classes = 10)

# Resizing train images to 224x224
x <- array(rep(0, 2000 * 224 * 224 * 3), dim = c(2000, 224, 224, 3))
for (i in 1:2000) { x[i,,,] <- resize(trainx[i,,,], 224, 224) }

# Plot of before/after resized image
par(mfrow = c(1,2), mar = rep(0, 4))
plot(as.raster(trainx[2,,,], max = 255))
plot(as.raster(x[2,,,], max = 255))
par(mfrow = c(1,1))

trainx <- imagenet_preprocess_input(x)

# Resizing test images to 224x224
x <- array(rep(0, 2000 * 224 * 224 * 3), dim = c(2000, 224, 224, 3))
for (i in 1:2000) { x[i,,,] <- resize(testx[i,,,], 224, 224) }
testx <- imagenet_preprocess_input(x)
```

在以上代码中，在将维度从 32×32 调整到 224×224 的过程中，使用了双线性插值，这是 EBImage 包的一部分。双线性插值将线性插值扩展到两个变量，本例中这两个变量是图像的高度和宽度。从图 7.5 所示的卡车前后图像，可以观察到双线性插值的效果。

图 7.5　双线性插值的效果

由图 7.5 可见，调整后的图像（第二幅图像）看起来更平滑，因为与原始图像（第一幅图像）相比，它包含更多的像素。

7.3.2　卷积神经网络模型

首先使用不太深的卷积神经网络来开发图像分类模型。为此，可以使用以下代码：

```
# Model architecture
model <- keras_model_sequential()
model %>%
  layer_conv_2d(filters = 32, kernel_size = c(3,3), activation = 'relu',
                input_shape = c(224,224,3)) %>%
  layer_conv_2d(filters = 32, kernel_size = c(3,3), activation = 'relu') %>%
  layer_max_pooling_2d(pool_size = c(2,2)) %>%
  layer_dropout(rate = 0.25) %>%
  layer_flatten() %>%
  layer_dense(units = 256, activation = 'relu') %>%
  layer_dropout(rate = 0.25) %>%
  layer_dense(units = 10, activation = 'softmax')
summary(model)
```

Layer (type)	Output Shape	Param #
conv2d_6 (Conv2D)	(None, 222, 222, 32)	896
conv2d_7 (Conv2D)	(None, 220, 220, 32)	9248
max_pooling2d_22 (MaxPooling2D)	(None, 110, 110, 32)	0
dropout_6 (Dropout)	(None, 110, 110, 32)	0
flatten_18 (Flatten)	(None, 387200)	0
dense_35 (Dense)	(None, 256)	99123456
dropout_7 (Dropout)	(None, 256)	0
dense_36 (Dense)	(None, 10)	2570

```
Total params: 99,136,170
Trainable params: 99,136,170
Non-trainable params: 0
```

```
# Compile
model %>% compile(loss = 'categorical_crossentropy',
 optimizer = 'rmsprop',
 metrics = 'accuracy')
```

```
# Fit
model_one <- model %>% fit(trainx,
                           trainy,
                           epochs = 10,
                           batch_size = 10,
                           validation_split = 0.2)
```

由以上代码可以观察到以下情况：
● 网络的参数总数为 99 136 170。
● 在编译模型时，使用 categorical_crossentropy 作为损失函数，因为响应有 10 个类别。
● 对于优化器，指定 rmsprop，这是一种基于梯度的优化方法，是一种可提供相当好性能的流行选项。
● 训练模型 10 个轮次，批量大小为 10。
● 在训练数据的 2000 幅图像中，20%（或 400 幅图像）用于评价验证误差，其余 80%（或 1600 幅图像）则用于训练。
模型训练后的损失和准确率图如图 7.6 所示。
由图 7.6 可以得出以下观察结果：
● 准确率和损失的曲线图显示，大约 4 个轮次后，训练和验证数据的损失和准确率基本保持不变。
● 尽管训练数据的准确率达到接近 100%的高值，但验证数据中图像的准确率似乎没有受到影响。
● 此外，训练和验证数据的准确率之间的差距似乎很大，表明存在过拟合现象。在评估模型的性能时，预计模型的图像分类准确率较低。

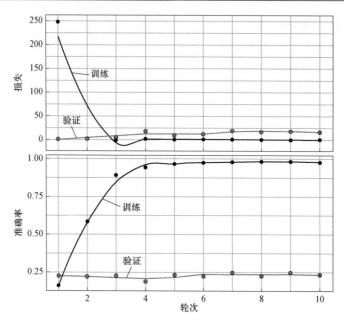

图 7.6　模型训练后的损失和准确率图

请注意，使用卷积神经网络开发一个较好的图像分类模型需要大量图像进行训练，因此需要更多的时间和资源。本章后面将介绍如何使用预训练网络来帮助克服这个困难。现在，继续评估图像分类模型的性能。

7.3.3　模型性能

为了评估模型的性能，需要计算训练和测试数据的损失、准确率和混淆矩阵。

1. 利用训练数据的性能评估

根据训练数据获取损失、准确率和混淆矩阵的代码如下：

```
# Loss and accuracy
model %>% evaluate(trainx, trainy)
$loss
[1] 3.335224
$acc
[1] 0.8455


# Confusion matrix
```

```
pred <- model %>%  predict_classes(trainx)
table(Predicted=pred, Actual=data$train$y[1:2000,])
        Actual
Predicted   0   1   2   3   4   5   6   7   8   9
        0 182   2   8   2   9   4   1   2  10   5
        1   1 176   3   5   6   5   2   3   4   7
        2   1   0 167   4   3   4   3   2   0   1
        3   0   0   0 157   2   1   1   2   1   0
        4   2   1   5   6 167   4   2   1   0   0
        5   2   0   4   4   3 149   3   4   4   3
        6   1   1   3   6   5   2 173   5   0   0
        7   3   2   4   2   4   3   9 166   0   1
        8  10   1   7   1   6   4   2   2 173   5
        9   0   8   2   8   9   7  11  12  11 181
```

由以上代码可见，训练数据的损失和准确率分别为 3.335 和 0.846。混淆矩阵显示了基于训练数据的良好结果。但是，对于某些类型的图像，错误分类率很高。例如，类别 7（马）的 12 幅图像被错误分类为类别 9（卡车）。同样地，属于类别 6（蛙类）和类别 8（船舶）的11 幅图像，也被错误分类为类别 9（卡车）。

2. 利用测试数据的性能评估

根据测试数据获得损失、准确率和混淆矩阵的代码如下：

```
# Loss and accuracy
model %>% evaluate(testx, testy)
$loss
[1] 16.4562
$acc
[1] 0.2325


# Confusion matrix
pred <- model %>% predict_classes(testx)
table(Predicted = pred, Actual = data$test$y[1:2000,])
        Actual
Predicted   0   1   2   3   4   5   6   7   8   9
```

0	82	24	29	17	16	10	17	19	67	19
1	16	65	20	26	18	21	26	26	33	53
2	10	0	26	20	20	18	14	5	1	2
3	6	5	8	21	12	22	9	12	9	3
4	4	8	22	11	22	16	25	9	6	4
5	5	7	12	29	17	29	9	19	4	9
6	6	6	20	17	23	15	51	25	6	13
7	3	10	10	15	21	16	11	37	3	5
8	34	22	20	12	22	2	7	7	61	24
9	30	51	28	31	27	36	47	34	27	71

由输出结果，可以得出以下观察结果：

- 测试数据的损失和准确率分别为 16.456 和 0.232。
- 由于过拟合问题，这些结果不如从训练数据观察到的结果令人印象深刻。

虽然可以尝试开发更深层次的网络来改进图像分类结果，或者尝试增加训练数据以提供更多样本供学习之用，但这里将利用预训练网络来获得更好的结果。

7.4 基于预训练 RESNET50 模型的图像分类

本节将使用预训练的 RESNET50 模型来开发图像分类模型。所用训练和测试数据与上节中的相同，以便更容易地比较分类性能。

7.4.1 模型架构

这里将上传 RESNET50 模型，但不包括顶层。这有助于定制预训练模型，以便使用 CIFAR10 数据。由于 RESNET50 模型是用 100 多万幅图像训练得到的，所以它掌握了图像的有用特征和表示形式，而这些特征和表示形式可以与新的、类似的较小数据一起重用。预训练模型的这种可重用性不仅有助于减少从头开始开发图像分类模型的时间和成本，而且在训练数据相对较少时尤其有用。

用于开发模型的代码如下：

```
# RESNET50 network without the top layer
pretrained <- application_resnet50(weights = "imagenet",
                                   include_top = FALSE,
                                   input_shape = c(224, 224, 3))
```

```
model <- keras_model_sequential() %>%
        pretrained %>%
        layer_flatten() %>%
        layer_dense(units = 256, activation = "relu") %>%
        layer_dense(units = 10, activation = "softmax")
summary(model)
```

Layer (type)	Output Shape	Param #
resnet50 (Model)	(None, 7, 7, 2048)	23587712
flatten_6 (Flatten)	(None, 100352)	0
dense_12 (Dense)	(None, 256)	25690368
dense_13 (Dense)	(None, 10)	2570

Total params: 49,280,650

Trainable params: 49,227,530

Non-trainable params: 53,120

上传 RESNET50 模型时，彩色图像数据的输入维度被指定为 $224 \times 224 \times 3$。虽然更小的维度也可以用，但图像维度不能小于 $32 \times 32 \times 3$。CIFAR10 数据集中的图像维度为 $32 \times 32 \times 3$，但这里已经将它们的大小调整为 $224 \times 224 \times 3$，因为这样可以提供更好的图像分类准确率。

从信息汇总可以看到以下几点：

- RESNET50 网络的输出维度为 $7 \times 7 \times 2048$。
- 利用扁平层将输出形状更改为具有 $7 \times 7 \times 2048 = 100\,352$ 个元素的单列。
- 增加了 256 个单元的密集层和 relu 激活函数。
- 该密集层有 $100\,353 \times 256 + 256 = 25\,690\,368$ 个参数。
- 最后一个密集层有 10 个单元，用于 10 个类别的图像和 softmax 激活函数。该网络共有 $49\,280\,650$ 个参数。
- 在网络所有的参数中，$49\,227\,530$ 个是可训练参数。

虽然可以使用所有这些参数来训练网络，但这是不可取的。训练和更新与 RESNET50 网络相关的参数将影响从 100 多万幅图像中学习到的功能所带来的好处。这里仅使用 2000 幅图像数据进行训练，共有 10 个不同的类别。因此，对于每个类别，只有大约 200 幅图像。因此，冻结 RESNET50 网络中的权重非常重要，这将有助于获得使用预训练网络的好处。

7.4.2　预训练网络权重冻结

冻结 RESNET50 网络的权重，然后编译模型的代码如下：

```
# Freeze weights of resnet50 network
freeze_weights(pretrained)

# Compile
model %>% compile(loss = 'categorical_crossentropy',
 optimizer = 'rmsprop',
 metrics = 'accuracy')
```

```
summary(model)
```

Layer (type)	Output Shape	Param #
resnet50 (Model)	(None, 7, 7, 2048)	23587712
flatten_6 (Flatten)	(None, 100352)	0
dense_12 (Dense)	(None, 256)	25690368
dense_13 (Dense)	(None, 10)	2570

```
Total params: 49,280,650
Trainable params: 25,692,938
Non-trainable params: 23,587,712
```

由以上代码可以观察到以下情况：

● 要冻结 RESNET50 网络的权重，可以使用 freeze_weights（）函数。

● 请注意，冻结预训练网络权重后，需要编译模型。

● 冻结 RESNET50 网络的权重后，可观察到可训练参数的数量从 49 227 530 下降到较低的 25 692 938。

● 这些参数属于添加的两个密集层，可用于定制 RESNET50 网络的结果，以便可以将它们应用于正在使用的 CIFAR10 数据的图像。

7.4.3　模型拟合

模型拟合的代码如下：

```
# Fit model
model_two <- model %>% fit(trainx,
                          trainy,
                          epochs = 10,
                          batch_size = 10,
                          validation_split = 0.2)
```

由以上代码可以观察到以下情况：

● 用 10 个轮次和 10 的批量大小对网络进行训练。

● 指定 20%（或 400 幅图像）用于评估验证损失和准确率，其余 80%（或 1600 幅图像）用于训练。

基于预训练 RESNET50 模型训练后的损失和准确率图如图 7.7 所示。

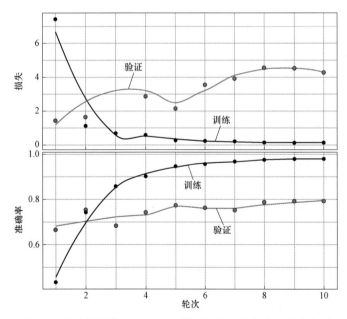

图 7.7　基于预训练 RESNET50 模型训练后的损失和准确率图

从损失和准确率的曲线图，可以得到以下观察结果：

● 与之前未使用预训练模型的图相比,有一个重要差异。该图表明,模型在第二个轮次本身的准确率已达到 60% 以上,而前一个模型的准确率仍然保持在 25% 以下。由此可见,使用预训练模型对图像分类有直接的影响。

● 与训练数据相比,基于验证数据的改进缓慢。

● 尽管基于验证数据的准确率显示出在逐步改善,但验证数据的损失显示出更多的可变性。

下一节将评价该模型,并评估其预测性能。

7.5　模型评价和预测

现在,将根据训练和测试数据评价该模型的性能。进行与损失、准确率和混淆矩阵相关的计算,以便能够评价模型图像的分类性能;还将获得 10 个类别中每个类别的准确率。

7.5.1　训练数据的损失、准确率和混淆矩阵

获得训练数据的损失、准确率和混淆矩阵的代码如下:

```
# Loss and accuracy
model %>% evaluate(trainx, trainy)
$loss
[1] 1.954347
$acc
[1] 0.8785


# Confusion matrix
pred <- model %>%  predict_classes(trainx)
table(Predicted=pred, Actual=data$train$y[1:2000,])
        Actual
Predicted   0    1    2    3    4    5    6    7    8    9
        0 182    0    5    2    3    0    2    0   10    1
        1   1  156    1    1    1    0    2    0    4    0
        2   2    0  172    3    4    0    4    0    1    0
        3   0    0    1  133    2   12    2    1    0    0
        4   1    0    8    4  188    3    4    2    0    0
```

```
5    1    0    4   22    3  162    1    3    0    0
6    0    0    3    9    3    0  192    1    1    0
7    3    0    5   10   10    5    0  188    0    0
8    5    0    3    3    0    1    0    1  182    0
9    7   35    1    8    0    0    0    3    5  202
```

```
# Accuracy for each category
100*diag(tab)/colSums(tab)
         0          1          2          3          4
  90.09901   81.67539   84.72906   68.20513   87.85047
         5          6          7          8          9
  88.52459   92.75362   94.47236   89.65517   99.50739
```

由输出结果，可以得出以下观察结果：

- 基于训练数据的损失和准确率分别为 1.954 和 0.879。
- 这两个数字都比基于先前模型的相应结果有所改进。
- 混淆矩阵显示了良好的图像分类性能。
- 图像分类性能最好的是类别 9（卡车），只有一幅图像被错误分类为类别 0（飞机），准确率为 99.5%。
- 该模型对于类别 3（猫）最为混乱，它主要被分类为类别 5（狗）或类别 7（马），该类的准确率仅为 68.2%。
- 在错误分类中，最高的情况（35 幅图像）是类别 1（汽车）被错误分类为类别 9（卡车）。

接下来，将使用测试数据评估模型的性能。

7.5.2　测试数据的损失、准确率和混淆矩阵

获得测试数据的损失、准确率和混淆矩阵的代码如下：

```
# Loss and accuracy
model %>% evaluate(testx, testy)
$loss
[1] 4.437256
$acc
[1] 0.768
```

```
# Confusion matrix
pred <- model %>% predict_classes(testx)
table(Predicted = pred, Actual = data$test$y[1:2000,])
         Actual
Predicted   0    1    2    3    4    5    6    7    8    9
        0 158    1   12    0    5    1    6    2   15    0
        1   3  142    0    2    0    2    3    1    9    2
        2   2    0  139    8    6    3    6    0    0    0
        3   0    0    3   86    5   13    6    1    0    0
        4   4    0   14    6  138    5   10    4    1    0
        5   0    0   15   47    6  148    2   12    0    0
        6   0    0    4   12    9    3  178    0    0    0
        7   2    0    4   23   27    9    3  169    0    0
        8  13    1    1    5    1    0    0    0  179    2
        9  14   54    3   10    1    1    2    4   13  199

# Accuracy for each category
100*diag(tab)/colSums(tab)
         0          1          2          3          4
  80.61224   71.71717   71.28205   43.21608   69.69697
         5          6          7          8          9
  80.00000   82.40741   87.56477   82.48848   98.02956
```

由输出结果，可以得出以下观察结果：

● 基于测试数据的损失和准确率分别为 4.437 和 0.768。

● 尽管这种基于测试数据的性能不如基于训练数据的结果，但与第一个模型的结果相比，还是有显著的改进。

● 混淆矩阵提供了对模型性能的进一步认识。对于类别 9（卡车），模型的性能最好，正确分类 199 个，准确率为 98%。

● 对于测试数据，该模型似乎对类别 3（猫）是最混乱的，因为类别 3 的错误分类最多。该类别的准确率可低至 43.2%。

● 单个类别（54 幅图像）的最高错误分类是类别 1（汽车），该类别被错误分类为类别 9

（卡车）。

取得 76.8% 的准确率，可以说这种图像分类性能是不错的。使用预训练模型，可以将对涉及 100 多万幅图像的数据进行训练而得到的模型的认识转化到包含来自 CIFAR10 数据集的 2000 幅图像的新数据上。与涉及更多的时间和计算成本、完全从头开始构建图像分类模型相比，这是一个巨大的优势。现在已经从模型获得了不错的性能，可以探索如何进一步加以改进。

7.6　性能优化提示与最佳实践

为了探究进一步的图像分类改进，本节将尝试三个实验。第一个实验将在编译模型时主要使用 adam 优化器。第二个实验将通过改变密集层中的单元数、暂弃层中的暂弃百分比以及拟合模型时的批量大小，进行超参调整。第三个实验将使用另一个名为 VGG16 的预训练网络。

7.6.1　adam 优化器的实验

第一个实验将在编译模型时使用 adam 优化器。训练模型时，将轮次数增加到 20 个。

使用 adam 优化器的模型训练后的损失和准确率图如图 7.8 所示。

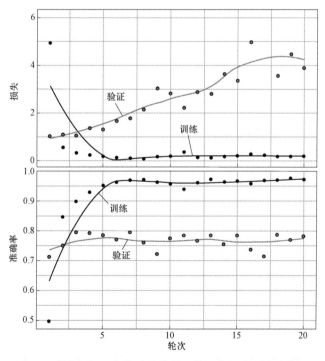

图 7.8　使用 adam 优化器的模型训练后的损失和准确率图

该模型的损失和准确率图显示，在大约六个轮次后，与训练数据相关的值趋于平坦。对于验证数据，损失逐渐增加，而准确率在第三个轮次后趋于平坦。

获取测试数据的损失、准确率和混淆矩阵的代码如下：

```
# Loss and accuracy
model %>% evaluate(testx, testy)
$loss
[1] 4.005393
$acc
[1] 0.7715


# Confusion matrix
pred <- model %>% predict_classes(testx)
table(Predicted = pred, Actual = data$test$y[1:2000,])
        Actual
Predicted   0    1    2    3    4    5    6    7    8    9
        0 136    0   20    4    2    0    1    5    2    4
        1   3  177    1    1    0    0    0    0    2   26
        2   7    0  124    2    3    1    3    0    1    0
        3   2    0    4   80    7    6    7    2    1    0
        4   3    1   18    9  151    4    8    9    0    0
        5   2    0    3   58    3  152    4    5    0    3
        6   3    2    8   22    8    8  190    0    6    2
        7   1    0   14   18   22   14    2  172    0    0
        8  36   11    3    5    2    0    1    0  205   12
        9   3    7    0    0    0    0    0    0    0  156


# Accuracy for each category
100*diag(tab)/colSums(tab)
        0          1          2          3          4
69.38776  89.39394  63.58974  40.20101  76.26263
        5          6          7          8          9
82.16216  87.96296  89.11917  94.47005  76.84729
```

由输出结果，可以得出以下观察结果：

- 测试数据的损失和准确率分别为 4.005 和 0.772。
- 这些结果略好于 model_two 的结果。
- 与之前的模型相比，混淆矩阵显示了稍微不同的图像分类模式。
- 分类结果最好的是类别 8（船舶），217 个图像有 205 个分类正确，准确率为 94.5%。
- 分类性能最低的是类别 3（猫），199 个预测中有 80 个预测正确，准确率为 40.2%。
- 最严重的错误分类是类别 3（猫）的 58 幅图像，被错误分类为类别 5（狗）。

接下来，将进行超参调整实验。

7.6.2　超参调整

本实验将改变密集层中的单元、暂弃率和批量大小，以获得有助于提高分类性能的值。这也说明了通过实验获得合适参数值的有效方法。首先，使用以下代码创建一个 TransferLearning.R 文件：

```
# Model with RESNET50
pretrained <- application_resnet50(weights = 'imagenet',
                                   include_top = FALSE,
                                   input_shape = c(224, 224, 3))
# Flags for hyperparameter tuning
FLAGS <- flags(flag_integer("dense_units", 256),
               flag_numeric("dropout", 0.1),
               flag_integer("batch_size", 10))


# Model architecture
model <- keras_model_sequential() %>%
        pretrained %>%
        layer_flatten() %>%
        layer_dense(units = FLAGS$dense_units, activation = 'relu') %>%
        layer_dropout(rate = FLAGS$dropout) %>%
        layer_dense(units = 10, activation = 'softmax')
freeze_weights(pretrained)
```

```
# Compile
model %>% compile(loss = "categorical_crossentropy",
                  optimizer = 'adam',
                  metrics = 'accuracy')

# Fit model
history <- model %>% fit(trainx,
                         trainy,
                         epochs = 5,
                         batch_size = FLAGS$batch_size,
                         validation_split = 0.2)
```

在以上代码中，读取了预训练模型之后，为要进行实验的参数声明了三个标志。现在，可以在模型架构（密集单元和暂弃率）和用于拟合模型（批量大小）的代码中使用这些标志。轮次的数量已减少到了 5 个；而对于优化器，在编译模型时仍然采用 adam。将这个 R 文件保存在计算机桌面上，称之为 TransferLearning.R。

运行此实验的代码如下：

```
# Set working directory
setwd('~/Desktop')

# Hyperparameter tuning
library(tfruns)
runs <- tuning_run("TransferLearning.R",
                   flags = list(dense_units = c(256, 512),
                                dropout = c(0.1,0.3),
                                batch_size = c(10, 30)))
```

由以上代码中，工作目录设置在 TransferLearning.R 文件的位置。请注意，该实验的输出也将保存在此目录中。为了运行超参调整实验，将使用 tfruns 库。对于密集层的单元数，将尝试使用 256 和 512 作为其值。对于暂弃率，将使用 0.1 和 0.3 进行实验。最后，批量大小将尝试 10 和 30。三个参数，每个参数取两个值进行实验，因此实验运行的总数将为 $2^3 = 8$。

实验结果摘录如下：

```
# Results
runs[,c(6:10)]
Data frame: 8 x 5
```

	metric_val_loss	metric_val_acc	flag_dense_units	flag_dropout
flag_batch_size				
1	1.1935	0.7525	512	0.3
30				
2	0.9521	0.7725	256	0.3
30				
3	1.1260	0.8200	512	0.1
30				
4	1.3276	0.7950	256	0.1
30				
5	1.1435	0.7700	512	0.3
10				
6	1.3096	0.7275	256	0.3
10				
7	1.3458	0.7850	512	0.1
10				
8	1.0248	0.7950	256	0.1
10				

输出结果显示了基于验证数据的所有 8 次实验运行的损失和准确率。为了便于参考，它还包括参数值。从输出结果可以得出以下观察结果：

● 一方面，当密集单元数为 512、暂弃率为 0.1、批量大小为 30 时，可获得最高准确率（第 3 行）。

● 另一方面，当密集单元的数量为 256、暂弃率为 0.3、批量大小为 10 时，得到最低准确率（第 6 行）。

使用实验第 3 行的测试数据获得损失、准确率和混淆矩阵的代码如下：

```
# Loss and accuracy
model %>% evaluate(testx, testy)
```

```
$loss
[1] 1.095251
$acc
[1] 0.7975


# Confusion matrix
pred <- model %>% predict_classes(testx)
(tab <- table(Predicted = pred, Actual = data$test$y[1:2000,]))
         Actual
Predicted   0    1    2    3    4    5    6    7    8    9
        0 167    5   20    4    5    4    4   15   10    8
        1   1  176    0    3    0    0    1    1    2   15
        2   3    0  139    9    2    4    8    1    1    0
        3   0    0    3   92    6    6    5    0    0    0
        4   4    0   20   16  177   12   17   23    0    1
        5   0    0    7   50    1  149    1    9    0    0
        6   1    0    2   11    2    5  177    1    0    1
        7   0    0    0    5    3    4    1  143    0    0
        8  16    3    3    5    2    0    1    0  203    6
        9   4   14    1    4    0    1    1    0    1  172


# Accuracy for each category
100*diag(tab)/colSums(tab)
        0        1        2        3        4        5        6        7
 85.20408 88.88889 71.28205 46.23116 89.39394 80.54054 81.94444 74.09326
        8        9
 93.54839 84.72906
```

根据上述结果，可以得出以下观察结果：
- 测试数据的损失和准确率都比迄今为止获得的结果要好。
- 分类结果最好的是类别 8（船舶），217 个图像分类中有 203 个正确，准确率为 93.5%。
- 分类性能最低的是类别 3（猫），199 个预测中有 92 个预测正确，准确率为 46.2%。
- 最严重的错误分类是类别 3（猫）的 50 幅图像，被错误分类为类别 5（狗）。

下一个实验将使用另一个预训练网络——VGG16。

7.6.3　VGG16 作为预训练网络的实验

本实验将使用一个名为 VGG16 的预训练网络。VGG16 是一个深 16 层的卷积神经网络，它可以将图像分出数千个类别。该网络也使用 ImageNet 数据库的 100 多万幅图像进行训练。模型架构以及编译和拟合模型的代码如下：

```
# Pretrained model
pretrained <- application_vgg16(weights = 'imagenet',
                                include_top = FALSE,
                                input_shape = c(224, 224, 3))

# Model architecture
model <- keras_model_sequential() %>%
  pretrained %>%
  layer_flatten() %>%
  layer_dense(units = 256, activation = "relu") %>%
  layer_dense(units = 10, activation = "softmax")
summary(model)

freeze_weights(pretrained)
summary(model)
```

Layer (type)	Output Shape	Param #
vgg16 (Model)	(None, 7, 7, 512)	14714688
flatten (Flatten)	(None, 25088)	0
dense (Dense)	(None, 256)	6422784
dense_1 (Dense)	(None, 10)	2570

```
Total params: 21,140,042
Trainable params: 6,425,354
Non-trainable params: 14,714,688
```

```
# Compile model
model %>% compile(loss = 'categorical_crossentropy',
                 optimizer = 'adam',
                 metrics = 'accuracy')

# Fit model
model_four <- model %>% fit(trainx,
                           trainy,
                           epochs = 10,
                           batch_size = 10,
                           validation_split = 0.2)
```

由结果信息汇总,可以观察到以下几点:

● 该模型有 21 140 042 个参数,在冻结 VGG16 的权重后,减少到总共有 6 425 354 个可训练参数。

● 在编译模型时,保留使用 adam 优化器。

● 此外,运行了 10 个轮次来训练模型。所有其他设置与之前模型所采用的设置相同。

基于 VGG16 模型训练后的损失和准确率图如图 7.9 所示。

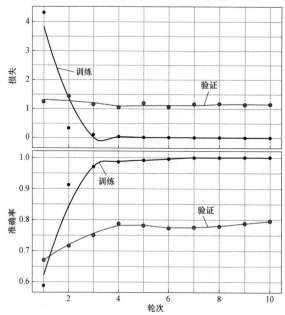

图 7.9　基于 VGG16 模型训练后的损失和准确率图

图 7.9 表明，经过大约四个轮次后，模型性能保持平稳。这与之前的模型形成了对比，之前模型的验证数据的损失逐渐增加。

获取测试数据的损失、准确率和混淆矩阵的代码如下：

```
# Loss and accuracy
model %>% evaluate(testx, testy)
$loss
[1] 1.673867
$acc
[1] 0.7565


# Confusion matrix
pred <- model %>% predict_classes(testx)
(tab <- table(Predicted = pred, Actual = data$test$y[1:2000,]))
          Actual
Predicted   0    1    2    3    4    5    6    7    8    9
        0 137    2   12    0    6    0    0    1   11    6
        1   9  172    1    0    0    0    0    1    9   21
        2   7    0  123   11   11    3    3    5    3    0
        3   3    0   11  130   10   35    7    7    0    0
        4   7    0   13    5  118    7   10    5    1    0
        5   1    0   11   27    3  125    2    7    0    0
        6   2    5   20   18   21    8  192    3    4    1
        7   6    0    4    6   25    7    2  163    2    1
        8  18    6    0    2    4    0    0    1  182    3
        9   6   13    0    0    0    0    0    0    5  171

# Accuracy for each category
100*diag(tab)/colSums(tab)
        0         1         2         3         4
 69.89796  86.86869  63.07692  65.32663  59.59596
        5         6         7         8         9
 67.56757  88.88889  84.45596  83.87097  84.23645
```

由输出结果，可以得出以下观察结果：

- 测试数据的损失和准确率分别为 1.674 和 0.757。
- 混淆矩阵提供了进一步的认识。该模型对类别 6（青蛙）进行分类时，分类准确率最高，为 88.9%。
- 另外，分类类别 4（鹿）图像的准确率仅为 59.6%。

本节尝试了以下三种情况：

- adam 优化器的使用稍微改善了结果，并得到了大约 77.2% 的测试数据准确率。
- 第二个实验在超参调整为 512 的密集单元数、0.1 的暂弃率和 30 的批量大小的情况下提供了最好的结果。这些参数的组合对获得约 79.8% 的测试数据准确率大有裨益。
- 第三个实验使用了 VGG16 预训练网络，也给出了不错的结果。但是，它提供的测试数据准确率略低于 75.7%。

处理较小数据集的另一种方法是数据增强。这种方法是修改现有图像（通过翻转、旋转、移动等）以创建新样本。由于图像数据集中的图像并不总是居中的，因此这种人工创建的新样本有助于了解有用的特征，从而提高图像分类性能。

7.7　本章小结

本章说明了如何使用预训练的深度神经网络来开发图像分类模型。这种预先训练的网络使用 100 多万幅图像进行训练，可以获取可重复使用的特征，并将其应用于类似但新的数据。使用相对较小的数据集开发图像分类模型时，这一功能很有价值。此外，预训练模型还可以节省计算资源和时间。本章首先利用 RESNET50 预训练网络识别了诺维奇梗犬的图像。随后利用 CIFAR10 数据集的 2000 幅图像，说明了将预训练网络应用于相对较小的数据集的有效性。本章从头开始建立的初始卷积神经网络模型存在过拟合问题，没有产生有用的结果。

接着，本章使用预训练的 RESNET50 网络，并在预训练网络的顶部添加了两个密集层以满足需求。得到了令人满意的结果，测试数据的准确率约为 76.8%。虽然利用预训练模型可以更快地得到结果（轮次更少），但还是需要通过一些实验来探究如何进一步改善模型的性能。为此，本章使用 adam 优化器进行了实验，该优化器产生了大约 77.2% 的测试数据准确率。本章还进行了超参调整实验，在密集层的单元数为 512，暂弃层的暂弃率为 0.1，以及拟合模型时的批量大小为 12 的情况下得到了最佳结果。这一组合的图像分类产生了约 79.8% 的测试数据准确率。最后，本章用预训练的 VGG16 网络进行了实验，获得了约 75.6% 的测试数据准确率。这些实验说明了如何探索和改进模型性能。

下一章将探讨另一类有趣且流行的深度网络，称为**生成对抗网络**。下一章将利用生成对抗网络来创建新的图像。

第8章 基于生成对抗网络的图像生成

本章通过一个实例来介绍生成对抗网络在生成新图像方面的应用。至此，本书使用图像数据已经说明了深度学习网络在图像分类任务中的应用。但是，本章将探索一种有趣且流行的方法，以帮助创建新图像。生成对抗网络已被用来生成新图像、提高图像质量，以及生成新文本和新音乐。生成对抗网络的另一个有意思的应用是在异常检测领域。在该领域，生成对抗网络被训练以产生被认为正常的数据。当该网络用于重建被认为不正常或异常的数据时，结果的差异可以帮助检测异常的存在。本章将提供一个生成新图像的示例。

具体而言，本章涵盖以下主题：
- 生成对抗网络概述。
- 处理 MNIST 图像数据。
- 生成器网络构建。
- 判别器网络构建。
- 网络训练。
- 结果检查。
- 性能优化提示与最佳实践

8.1 生成对抗网络概述

生成对抗网络利用以下两个网络：
- 生成器网络。
- 判别器网络。

生成器网络以噪声数据（通常是由标准正态分布生成的随机数）作为输入。生成对抗网络的一般流程如图 8.1 所示。

如图 8.1 所示，生成器网络以噪声数据作为输入，尝试创建一个可以标记为"假"的图像。这些伪造图像以及表示它们为"假"的标签输入判别器网络。除了标记的伪造图像，还可以提供带有标签的真实图像作为判

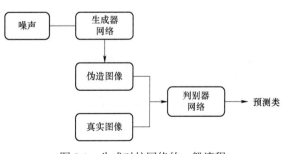

图 8.1 生成对抗网络的一般流程

别器网络的输入。

在训练过程中，判别器网络尝试区分真实图像和生成器网络创建的伪造图像。在开发生成对抗网络时，该过程持续进行，以便生成器网络尽最大努力生成判别器网络无法将其归类为"假"的图像。同时，判别器网络在正确区分伪造图像和真实图像方面越来越好。

当生成器网络学会一致地生成训练数据中没有的图像，且判别器网络无法将其分类为伪造图像时，就算取得成功。本章的真实图像来自包含手写数字图像的 MNIST 训练数据。

接下来的章节将说明需要遵循的步骤，以便为 MNIST 数据中提供的手写数字 5 开发生成对抗网络。

8.2　处理 MNIST 图像数据

本节将使用 Keras 库（包括 MNIST 数据）；还将使用 EBImage 库，它对于处理图像数据非常有用。MNIST 数据包含从 0 到 9 的手写图像。理解这些数据的代码如下：

```
# Libraries and MNIST data
library(keras)
library(EBImage)
mnist <- dataset_mnist()
str(mnist)
List of 2
 $ train:List of 2
 ..$ x: int [1:60000, 1:28, 1:28] 0 0 0 0 0 0 0 0 0 0 ...
 ..$ y: int [1:60000(1d)] 5 0 4 1 9 2 1 3 1 4 ...
 $ test :List of 2
 ..$ x: int [1:10000, 1:28, 1:28] 0 0 0 0 0 0 0 0 0 0 ...
 ..$ y: int [1:10000(1d)] 7 2 1 0 4 1 4 9 5 9 ...
```

由以上代码可以得出以下观察结果：
- 从数据的结构看，训练数据有 60 000 幅图像，测试数据有 10 000 幅图像。
- 这些手写图像大小为 28×28，颜色为黑白。这意味着只有一个通道。

本章将仅用训练数据中的数字 5 来训练生成对抗网络以及生成数字 5 的新图像。

8.2.1　训练数据的数字 5

虽然可以开发生成对抗网络生成所有 10 个数字，但对新手来说，建议只从一个数字开始。

代码如下：

```
# Data on digit five
c(c(trainx, trainy), c(testx, testy)) %<-% mnist
trainx <- trainx[trainy==5,,]
str(trainx)
 int [1:5421, 1:28, 1:28] 0 0 0 0 0 0 0 0 0 0 ...
summary(trainx)
   Min. 1st Qu.  Median    Mean  3rd Qu.     Max.
   0.00    0.00    0.00   33.32     0.00   255.00
par(mfrow = c(8,8), mar = rep(0, 4))
for (i in 1:64) plot(as.raster(trainx[i,,], max = 255))
par(mfrow = c(1,1))
```

由代码可见，这里正在选择包含数字 5 的图像并将其保存在 trainx 中。trainx 的结构显示，有 5421 个这样的图像，它们的尺寸均为 28×28。summary 函数显示 trainx 中的值在 0 到 255 之间。训练数据中手写数字 5 的前 64 个图像如图 8.2 所示。

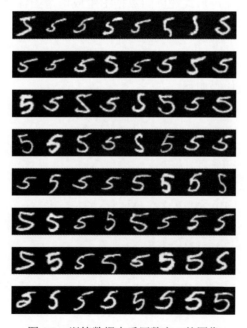

图 8.2　训练数据中手写数字 5 的图像

这些手写数字图像变化丰富。因为不同的人有不同的书写风格，所以这种变化是可以预料的。虽然这些数字大部分都写得很清楚，也很容易识别，但也有一些不太清楚。

8.2.2　数据处理

为了给后面的步骤准备数据，将对 trainx 进行形状调整，使其尺寸变为 $5421 \times 28 \times 28 \times 1$。代码如下：

```
# Reshaping data
trainx <- array_reshape(trainx, c(nrow(trainx), 28, 28, 1))
trainx <- trainx / 255
```

这里还将 trainx 中的值除以 255，以获得介于 0 和 1 之间的值范围。将数据处理成要求的格式，接下来便可以开发生成器网络的架构。

8.3　生成器网络构建

生成器网络将用于从以噪声形式提供的数据中生成伪造图像。本节将开发生成器网络的架构，并通过汇总网络信息来了解相关的参数。

8.3.1　网络架构

开发生成器网络架构的代码如下：

```
# Generator network
h <- 28; w <- 28; c <- 1; l <- 28
gi <- layer_input(shape = l)
go <- gi %>% layer_dense(units = 32 * 14 * 14) %>%
        layer_activation_leaky_relu() %>%
        layer_reshape(target_shape = c(14, 14, 32)) %>%
        layer_conv_2d(filters = 32,
                      kernel_size = 5,
                      padding = "same") %>%
        layer_activation_leaky_relu() %>%
        layer_conv_2d_transpose(filters = 32,
                                kernel_size = 4,
```

```
                            strides = 2,
                            padding = "same") %>%
        layer_activation_leaky_relu() %>%
        layer_conv_2d(filters = 1,
                        kernel_size = 5,
                        activation = "tanh",
                        padding = "same")
g <- keras_model(gi, go)
```

由以上代码可以观察到以下情况：

● 分别指定高度（h）、宽度（w）、通道数（c）和潜在尺寸（l）为 28、28、1 和 28。

● 指定生成器输入（gi）的输入形状为 28。在训练时，将向生成器网络提供 28 个随机数的输入，这些随机数是从标准正态分布（即简单的噪声）中获得的。

● 接下来，指定了生成器网络输出（go）的架构。

● 最后一层是具有双曲正切（tanh）激活函数的二维卷积层。最后一层的过滤器设置为 1，因为不使用彩色图像。

● 请注意，layer_conv_2d_transpose 的尺寸要求为 28×28。

● 生成器输出的尺寸为 28×28×1。

● 如果希望探索改进结果，可以在稍后尝试使用其他值，如过滤器的数量、kernel_size（内核大小）或步长。

● gi 和 go 用于生成器网络模型（g）。

现在，看一下这个网络的信息汇总。

8.3.2　生成器网络信息汇总

生成器网络信息汇总如下：

```
# Summary of generator network model
summary(g)
```

Layer (type)	Output Shape	Param #
input_7 (InputLayer)	[(None, 28)]	0
dense_4 (Dense)	(None, 6272)	181888

leaky_re_lu_8 (LeakyReLU)	(None, 6272)	0
reshape_2 (Reshape)	(None, 14, 14, 32)	0
conv2d_6 (Conv2D)	(None, 14, 14, 32)	25632
leaky_re_lu_9 (LeakyReLU)	(None, 14, 14, 32)	0
conv2d_transpose_2 (Conv2DTranspose)	(None, 28, 28, 32)	16416
leaky_re_lu_10 (LeakyReLU)	(None, 28, 28, 32)	0
conv2d_7 (Conv2D)	(None, 28, 28, 1)	801

```
Total params: 224,737
Trainable params: 224,737
Non-trainable params: 0
```

生成器网络信息汇总显示输出的形状和每个层的参数数量。请注意，最终输出形状为 $28 \times 28 \times 1$。生成的伪造图像将具有这些尺寸。总之，该网络有 224 737 个参数。

现在已经确定了生成器网络的结构，接下来可以开发判别器网络的架构。

8.4 判别器网络构建

判别器网络将用于区分伪造图像和真实图像。本节将讨论判别器网络的架构和信息汇总。

8.4.1 网络架构

用于开发判别器网络架构的代码如下：

```
# Discriminator network
di <- layer_input(shape = c(h, w, c))
do <- di %>%
        layer_conv_2d(filters = 64, kernel_size = 4) %>%
        layer_activation_leaky_relu() %>%
        layer_flatten() %>%
        layer_dropout(rate = 0.3) %>%
```

```
          layer_dense(units = 1, activation = "sigmoid")
d <- keras_model(di, do)
```

由以上代码可以观察到以下情况：

● 提供了一个 h=28、w=28 和 c=1 的输入形状（di）。这是网络训练所使用的伪造图像和真实图像的尺寸。

● 判别器输出（do）的最后一层，指定激活函数为 sigmoid，单元数为 1，因为图像被区分为"真"或"假"。

● di 和 do 用于判别器网络模型（d）。

8.4.2　判别器网络信息汇总

判别器网络的信息汇总显示每层的输出形状和参数数量，代码如下：

```
# Summary of discriminator network model
summary(d)
```

Layer (type)	Output Shape	Param #
input_10 (InputLayer)	[(None, 28, 28, 1)]	0
conv2d_12 (Conv2D)	(None, 25, 25, 64)	1088
leaky_re_lu_17 (LeakyReLU)	(None, 25, 25, 64)	0
flatten_2 (Flatten)	(None, 40000)	0
dropout_2 (Dropout)	(None, 40000)	0
dense_7 (Dense)	(None, 1)	40001

```
Total params: 41,089
Trainable params: 41,089
Non-trainable params: 0
```

这里，第一层的输出大小为 $28 \times 28 \times 1$，与伪造图像和真实图像的尺寸相匹配。参数总数为 41 089。

现在，可以使用以下代码编译判别器网络模型：

```
# Compile discriminator network
d %>% compile(optimizer = 'rmsprop',
        loss = "binary_crossentropy")
```

这里使用 rmsprop 优化器编译了判别器网络。损失计算则采用 binary_crossentropy。

接下来将冻结判别器网络的权重。请注意，编译判别器网络后冻结这些权重，以便仅将其应用于 gan 模型。

```
# Freeze weights and compile
freeze_weights(d)
gani <- layer_input(shape = 1)
gano <- gani %>% g %>% d
gan <- keras_model(gani, gano)
gan %>% compile(optimizer = 'rmsprop',
            loss = "binary_crossentropy")
```

这里生成对抗网络的输出（gano）使用生成器网络和冻结权重的判别器网络。生成性抗网络（gan）基于 gani 和 gano。然后使用 rmsprop 优化器编译网络，损失指定为 binary_crossentropy。

现在已做好了训练网络的准备。

8.5　网络训练

本节将介绍如何训练网络。在训练网络时，将保存伪造图像并存储损失，以查看训练进度。它们将有助于在生成逼真的伪造图像时评估网络的有效性。

8.5.1　存储伪造图像和损失的初始设置

首先指定训练过程需要的事项。代码如下：

```
# Initial settings
b <- 50
setwd("~/Desktop/")
dir <- "FakeImages"
dir.create(dir)
start <- 1; dloss <- NULL; gloss <- NULL
```

由以上代码可以观察到以下情况：

- 批量大小（b）为 50。
- 伪造图像保存在 FakeImages 目录中，该目录在计算机桌面上。
- 还将使用判别器损失（dloss）和 GAN 损失（gloss），它们被初始化为 NULL。

8.5.2　训练过程

接下来将训练模型。这里将使用 100 次迭代。代码如下，可总结为五点：

```
# 1. Generate 50 fake images from noise
for (i in 1:100) {noise <- matrix(rnorm(b*l), nrow = b, ncol= l)}
fake <- g %>% predict(noise)


# 2. Combine real & fake images
stop <- start + b - 1
real <- trainx[start:stop,,,]
real <- array_reshape(real, c(nrow(real), 28, 28, 1))
rows <- nrow(real)
both <- array(0, dim = c(rows * 2, dim(real)[-1]))
both[1:rows,,,] <- fake
both[(rows+1):(rows*2),,,] <- real
labels <- rbind(matrix(runif(b, 0.9,1), nrow = b, ncol = 1),
 matrix(runif(b, 0, 0.1), nrow = b, ncol = 1))
start <- start + b


# 3. Train discriminator
dloss[i] <- d %>% train_on_batch(both, labels)


# 4. Train generator using gan
fakeAsReal <- array(runif(b, 0, 0.1), dim = c(b, 1))
gloss[i] <- gan %>% train_on_batch(noise, fakeAsReal)


# 5. Save fake image
```

```
f <- fake[1,,,]
dim(f) <- c(28,28,1)
image_array_save(f, path = file.path(dir, paste0("f", i, ".png")))}
```

由以上代码可以观察到以下情况：

● 首先模拟标准正态分布的随机数据点，并将结果保存为噪声。然后使用生成器网络 g 从包含随机噪声的数据中创建伪造图像。请注意，noise 的大小为 50×28，fake 的大小为 50×28×28×1，每次迭代包含 50 个伪造图像。

● 根据批量大小更新 start 和 stop 的值。对于第 1 次迭代，start 和 stop 的值分别为 1 和 50。对于第 2 次迭代，start 和 stop 的值分别为 51 和 100。类似地，对于第 100 次迭代，start 和 stop 的值分别为 4951 和 5000。由于包含手写数字 5 的 trainx 有 5000 多幅图像，所以在这 100 次迭代中没有一幅图像重复。因此，每次迭代选择 50 幅真实图像，其大小为 50×28×28，并存储在 real 中。使用 reshape 将尺寸更改为 50×28×28×1，以便它们与伪造图像的尺寸相匹配。

● 然后创建一个名为 both 的空数组，其大小为 100×28×28×1，用于存储真实和伪造的图像数据。both 的前 50 幅图像包含伪造数据，而后 50 幅图像包含真实图像。还将使用均匀分布生成 50 个介于 0.9 和 1 之间的随机数作为伪造图像的标签，并使用介于 0 和 0.1 之间的类似随机数作为真实图像的标签。请注意，不用 0 表示真实图像，也不用 1 表示伪造图像，而是引入一些随机数或噪声。在标签值中人为引入一些噪声有助于训练网络。

● 使用包含在 both 中的图像数据和包含在 labels 中的正确类别信息来训练判别器网络。还将所有 100 次迭代的判别器损失存储在 dloss 中。如果判别器网络能够学会很好地分类伪造图像和真实图像，那么该损失会很低。

● 试图通过标记包含 0 到 0.1 之间的随机数的噪声（已用于真实图像）来欺骗网络。所有 100 次迭代产生的损失都存储在 gloss 中。如果网络学会很好地呈现伪造图像，并将其分类为真实图像，那么该损失会很低。

● 保存每次迭代的第一幅伪造图像，这样就可以检查它并观察训练过程的影响。

请注意，在通常情况下，生成对抗网络的训练过程需要大量的计算资源。但是，这里使用的示例旨在快速说明该过程的工作原理，并在合理的时间内完成训练过程。对于 100 次迭代和 8GB 内存的计算机，运行所有代码所需的时间应该不超过 1 分钟。

8.6 结果检查

本节将检查从 100 次迭代中获得的网络的损失，还将查看从第 1 次迭代到第 100 次迭代使用伪造图像的进程。

8.6.1　判别器与生成对抗网络的损失

经过 100 次迭代，判别器和生成对抗网络的损失图如图 8.3 所示。判别器的损失综合考虑了伪造图像和真实图像的损失。

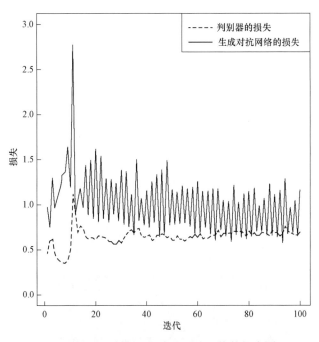

图 8.3　判别器和生成对抗网络的损失图

由图 8.3 可以得出以下观察结果：

● 判别器网络和生成对抗网络的损失在前 20 次迭代中显示出高可变性。这种可变性是学习过程的结果。

● 判别器网络和生成器网络相互竞争，并试图做得比对方更好。当一个网络的性能更好时，另一个网络的性能就会降低。这就是为什么如果将 dloss 和 gloss 绘制在散点图上，希望看到它们之间存在一定程度的负相关性。这种相关性预计不会完全为负，但总体模式预计会表明是一种负相关关系。从长远来看，这两种损失预计将趋于一致。

● 与从判别器网络获得的损失相比，从生成对抗网络获得的损失显示出更大的波动。

● 大约 50 次迭代之后，可以注意到判别器的损失显示出小的但逐渐增加的趋势。这表明判别器网络发现越来越难以区分生成器网络生成的真实图像和伪造图像。

● 请注意，损失的增加不一定是负面结果。在此情况下，这是正反馈，它表明将生成器网络与判别器网络相比较会产生结果。这意味着生成器网络能够创建越来越像真实图像的伪造图像，并有助于实现主要目标。

8.6.2　伪造图像

使用以下代码读取伪造图像，然后绘制它们：

```
# Fake image data
library(EBImage)
setwd("~/Desktop/FakeImages")
temp = list.files(pattern = "*.png")
mypic <- list()
for (i in 1:length(temp)) {mypic[[i]] <- readImage(temp[[i]])}
par(mfrow = c(10,10))
for (i in 1:length(temp)) plot(mypic[[i]])
```

在以上代码中，使用了 EBImage 库来处理伪造图像数据。这里读取了保存在 FakeImages 目录中的所有 100 幅图像。现在，可以在 10×10 网格中绘制所有图像，如图 8.4 所示。

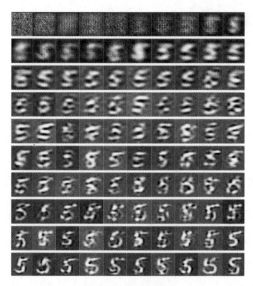

图 8.4　伪造图像

图 8.4 展示了 100 次迭代中每个迭代的第一个伪造图像。由此可以得出以下观察结果：

- 第一行中的前 10 个图像表示前 10 个迭代。
- 第一幅图像只是简单地反映随机噪声。当达到 10 次迭代时，图像开始捕捉手写数字 5 的特征。
- 当网络训练达到 91 到 100 次迭代时，数字 5 在视觉上变得更加清晰。

下一节将进行一项实验，对网络做一些更改，以观察其对网络训练过程的影响。

8.7　性能优化提示与最佳实践

本节将通过在生成器网络和判别器网络中插入额外的卷积层来进行实验。通过本实验，将传达一些性能优化的提示和最佳实践。

8.7.1　生成器网络与判别器网络的更改

生成器网络的更改如以下代码所示：

```
# Generator network
gi <- layer_input(shape = 1)
go <- gi %>% layer_dense(units = 32 * 14 * 14) %>%
        layer_activation_leaky_relu() %>%
        layer_reshape(target_shape = c(14, 14, 32)) %>%
        layer_conv_2d(filters = 32,
                      kernel_size = 5,
                      padding = "same") %>%
        layer_activation_leaky_relu() %>%
        layer_conv_2d_transpose(filters = 32,
                                kernel_size = 4,
                                strides = 2,
                                padding = "same") %>%
        layer_activation_leaky_relu() %>%
        layer_conv_2d(filters = 64,
                      kernel_size = 5,
                      padding = "same") %>%
        layer_activation_leaky_relu() %>%
```

```
        layer_conv_2d(filters = 1,
                      kernel_size = 5,
                      activation = "tanh",
                      padding = "same")
g <- keras_model(gi, go)
```

由以上代码可见，在生成器网络的最后一层之前添加了 layer_conv_2d 层和 layer_activation_leaky_relu 层。生成器网络的参数总数已增至 276 801。

判别器网络的更改如以下代码所示：

```
# Discriminator network
di <- layer_input(shape = c(h, w, c))
do <- di %>%
        layer_conv_2d(filters = 64, kernel_size = 4) %>%
        layer_activation_leaky_relu() %>%
        layer_conv_2d(filters = 64, kernel_size = 4, strides = 2) %>%
        layer_activation_leaky_relu() %>%
        layer_flatten() %>%
        layer_dropout(rate = 0.3) %>%
        layer_dense(units = 1, activation = "sigmoid")
d <- keras_model(di, do)
```

由以上代码可见，在判别器网络的扁平层之前添加了 layer_conv_2d 层和 layer_activation_leaky_relu 层。判别器网络的参数总数增加到 148 866。所有其他参数保持不变，然后再次训练网络 100 次迭代。

现在，评估这些变化的影响。

8.7.2　更改的影响

经过 100 次迭代，改进的判别器和生成对抗网络的损失图如图 8.5 所示。

由图 8.5 可以观察到以下情况：

● 通过增加层数，与先前获得的结果相比，判别器和生成对抗网络的损失波动有所减小。

● 在某些迭代中所观察到的峰值或高损失表明相应的网络在与另一个网络竞争时处于挣扎状态。

● 与判别器网络相关损失的变化相比，生成对抗网络损失的变化一直较高。

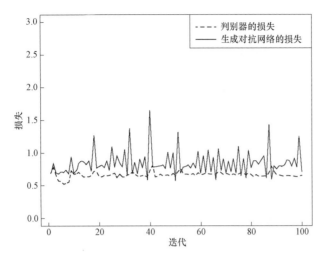

图 8.5　改进的判别器和生成对抗网络的损失图

图 8.6 所示为 100 次迭代中每次迭代的第一幅伪造图像。

图 8.6　100 次迭代中每次迭代的第一幅伪造图像

由图 8.6 可以观察到以下情况：

● 在生成器网络和判别器网络中增加了卷积层，网络开始生成复制手写数字 5 的图像。

● 在之前的网络中，一直看起来像手写数字 5 的伪造图像直到大约 70～80 次迭代后才出现。

● 由于使用了额外的层，可以看到数字 5 在大约 20～30 次迭代后或多或少地稳定呈现，这意味着一种改进。

接下来将尝试使用该网络生成另一个手写数字。

8.7.3　生成手写数字 8 的图像

本实验将使用与前一个实验相同的网络架构。但是，这里用它生成数字 8 的手写图像。本实验经过 100 次迭代，生成数字 8 的判别器和生成对抗网络损失图如图 8.7 所示。

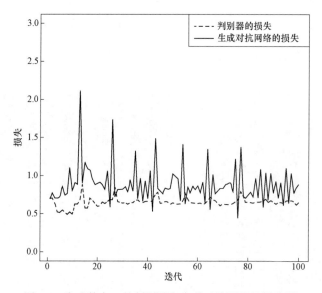

图 8.7　生成数字 8 的判别器和生成对抗网络的损失图

由图 8.7 可以得到以下观察结果：

● 判别器和生成对抗网络的损失图显示，变化幅度随着迭代次数从 1 到 100 而趋于减小。

● 随着网络训练的进行，生成对抗网络的损失在特定时间区间的高峰值逐渐减小。

每次迭代的第一幅伪造图像如图 8.8 所示。

与数字 5 相比，数字 8 需要更多次迭代才能形成可识别的模式。

在本节的实验中，在生成器网络和判别器网络中增加了额外的卷积层。因此，可以得到以下观察结果：

- 额外的卷积层似乎对更快地产生看上去像手写数字 5 图像的伪造图像具有积极的影响。

- 虽然对本章提到的数据结果不错；但对于其他数据，可能需要对模型架构进行其他更改。

- 还使用具有相同架构的网络生成手写数字 8 的逼真的伪造图像。据观察，对于数字 8，在开始出现可识别的模式之前，需要对网络进行更多的训练迭代。

- 请注意，同时生成所有 10 个手写数字的网络可能更复杂，并且可能需要更多次迭代。

- 类似地，如果有比本章使用的 28×28 大得多的彩色图像，将需要更多的计算资源，任务将更具挑战性。

图 8.8　每次迭代的第一幅伪造图像

8.8　本章小结

　　本章使用生成对抗网络来说明如何生成单个手写数字的图像。生成对抗网络利用两种网络：生成器网络和判别器网络。生成器网络从包含随机噪声的数据中创建伪造图像，而判别器网络被训练来区分伪造图像和真实图像。这两个网络相互竞争，因此可以创建逼真的伪造图像。虽然本章提供了一个使用生成对抗网络生成新图像的示例，但这些网络在生成新文本或新音乐以及异常检测方面也有应用。

　　第三部分介绍了各种用于图像数据处理的深度学习网络。第四部分将介绍用于自然语言处理的深度学习网络。

第四部分　自然语言处理问题的深度学习

本部分讨论如何应用深度学习网络处理涉及自然语言处理的实际问题。本部分包括四章，阐述了循环神经网络、长短期记忆网络和卷积循环神经网络等常用深度学习网络的应用。

本部分包含以下章节：

- 第 9 章　文本分类的深度学习网络。
- 第 10 章　基于循环神经网络的文本分类。
- 第 11 章　基于长短期记忆网络的文本分类。
- 第 12 章　基于卷积循环神经网络的文本分类。

第 9 章　文本分类的深度学习网络

文本数据属于非结构化数据。在开发深度学习网络模型时，由于此类数据的独特性质，需要完成新增的预处理步骤。本章将介绍使用深度学习网络开发文本分类模型所需遵循的步骤。这一过程将用简单易懂的例子加以说明。文本数据，如客户评论、产品评论和电影评论等，都具有商业价值，而文本分类是一个重要的深度学习问题。

本章将讨论两个文本数据集，研究如何在开发深度学习网络分类模型时准备文本数据，查看互联网电影数据库（internet movie database，IMDb）电影评论数据，开发深度学习网络架构，拟合与评价模型，并讨论一些提示和最佳实践。

具体而言，本章涵盖以下主题：
- 文本数据集。
- 为模型构建准备数据。
- 深度学习网络开发。
- 模型评价和预测。
- 性能优化提示与最佳实践。

9.1　文本数据集

开发深度学习网络模型时，可以使用文本数据。这些数据可以从若干公开来源获得。本节将介绍两种此类资源：
- UCI 机器学习资源库。
- Keras 中的文本数据。

9.1.1　UCI 机器学习资源库

下列链接提供了各种数据集，包含从产品评论（来自 amazon.com）、电影评论（来自 IMDB.com）和餐厅评论（来自 yelp.com）中提取出来的文本句子：https://archive.ics.uci.edu/ml/datasets/Sentiment+Labelled+Sentences。

每个句子都根据评论中表达的情感加以标注。这种情感要么是积极（肯定、正面）的，要么是消极（否定、负面）的。每个网站有 500 个正面句子和 500 个负面句子，这就意味着总共有 3000 个标记句子。这些数据可用于开发情感分类深度学习网络模型，以实现自动将客户评论分类为正面评论或负面评论。

以下是 IMDb 中负面评论的一些例子，这些负面评论被标记为 0。

● 一部节奏非常、非常、非常缓慢的，漫无目地讲述一个悲伤、漂泊的年轻人的电影。

● 不确定谁更迷茫——苍白的角色还是观众，反正近一半的观众离场了。

● 试图通过黑白色调和巧妙的拍摄角度来表现艺术性，但由于表演拙劣，几乎没有情节和台词，这部电影令人失望，甚至显得极为荒谬。

● 几乎没有什么音乐，不值一提。

以下是 IMDb 中一些正面评论的示例，这些评论被标记为 1。

● 电影中最精彩的一幕是，杰拉尔多（Gerardo）拼命在找一首在他脑海里萦绕不去的歌曲。

● 今天看了场电影，觉得是一部给孩子们传递正面信息的佳作。

● 喜欢吉米·巴菲特（Jimmy Buffet）扮演的科学老师的角色。

● 那些猫头鹰宝宝很可爱。

● 这部电影展现了佛罗里达（Florida）许多最好的地方，使它看起来非常吸引人。

以下是一些来自亚马逊（Amazon）的负面评论的例子，这些评论被标记为 0。

● 在美国，除非我用转换头，否则我无法将其插入。

● 连着充电器，打了超过 45 分钟的电话。大问题！

● 我必须摇动插头，让它摆正位置，才能调准音量。

● 如果你有几十个或几百个联系人，那么想象一下，一个接一个地给每个联系人打电话的乐趣吧。

● 我劝大家，别上当！

以下是一些来自亚马逊的正面评论的例子，这些评论被标记为 1。

● 物美价廉。

● 非常适合下颚骨。

● 麦克风很棒。

● 如果你是 Razr 的所有者……你必须拥有这个！

● 音质很好。

9.1.2　Keras 中的文本数据

Keras 中有两个文本数据集，即：

● IMDb 评论数据，包含电影评论情感分类。

● 路透社（Reuters Newswire）新闻主题分类数据。

IMDb 评论数据包含 25 000 条被归类为包含积极或消极情感的评论。这些数据已经过预处理，每条评论都编码成一个整数序列。路透社新闻主题分类数据包含 11 228 条新闻，这些新闻也经过了预处理，每一条都被编码为一个整数序列。新闻被分为 46 个组或主题，如家畜、黄金、住房、就业。

以下是来自 Keras 的 IMDb 数据的正面电影评论示例：

"lavish production values and solid performances in this straightforward adaption of jane？satirical classic about the marriage game within and between the classes in？18th century england northam and paltrow are a？mixture as friends who must pass through？and lies to discover that they love each other good humor is a？virtue which goes a long way towards explaining the？of the aged source material which has been toned down a bit in its harsh？i liked the look of the film and how shots were set up and i thought it didn't rely too much on？of head shots like most other films of the 80s and 90s do very good results."

（"《简》这部改编剧耗资巨大、表演扎实？关于等级内部和等级之间婚姻游戏的经典佳作？18 世纪的英格兰诺瑟姆和帕特洛是一个？共患难的朋友？谎称发现他们彼此相爱，感觉心情愉快？美德在很大程度上解释了这个问题？那些老套的素材被调低了一点？我喜欢这部电影的场景和拍摄方式，我觉得它不太依赖于？像 80 年代和 90 年代的大多数其他电影一样，头像的拍摄效果非常好。"）

以下是来自 Keras 的 IMDb 数据的负面电影评论示例：

"worst mistake of my life br br i picked this movie up at target for 5 because i figured hey it's sandler i can get some cheap laughs i was wrong completely wrong mid way through the film all three of my friends were asleep and i was still suffering worst plot worst script worst movie i have ever seen I wanted to hit my head up against a wall for an hour then i'd stop and you know why because it felt damn good upon bashing my head in i stuck that damn movie in the？and watched it burn and that felt better than anything else i've ever done it took american psycho army of darkness and kill bill just to get over that crap i hate you sandler for actually going through with this and ruining a whole day of my life."

（"我一生中最严重的错误 br br 我冲着五颗星选了这部电影，因为我想，嘿，是桑德勒，我可以得到一些低俗的笑声。我错了，完全错了。放映到一半的时候，我的三个朋友都睡着了，我还在忍受最糟糕的情节最糟糕的剧本我看过的最糟糕的电影。我想把头在墙上撞一个小时后，才停下来，你知道为什么吗？因为当我把头撞进去的时候感觉非常好，所以我把那部该死的电影放进？看着它燃烧起来，感觉比我做过的任何事情都好。看美国精神病人黑暗军和杀死比尔，只是为了忘掉那些废话。我恨你桑德勒，真的，经历了这些，毁了我一整天的生活。"）

9.2 为模型构建准备数据

为了准备模型构建的数据，需要完成的步骤如下：

- 词性标记。
- 文本转换为整数。
- 填充和截断。

为了说明数据准备所涉及的步骤，将利用一个非常小的文本数据集，包含与 2017 年 9 月苹果 iPhone X 发布相关的五条推文。首先使用这个小数据集了解数据准备步骤，然后再切换到一个更大的 IMDb 数据集，以构建深度学习网络分类模型。以下是将存储在 t1 到 t5 里的五条推文：

```
t1 <- "I'm not a huge $AAPL fan but $160 stock closes down $0.60 for the day
on huge volume isn't really bearish"
t2 <- "$AAPL $BAC not sure what more dissapointing: the new iphones or the
presentation for the new iphones?"
t3 <- "IMO, $AAPL animated emojis will be the death of $SNAP."
t4 <- "$AAPL get on board. It's going to 175. I think wall st will have issues
as aapl pushes 1 trillion dollar valuation but 175 is in the cards"
t5 <- "In the AR vs. VR battle, $AAPL just put its chips behind AR in a big
way."
```

推文包括小写和大写文本、标点符号、数字和特殊字符。

9.2.1 词性标注

推文的每个单词或数字都是一个标记（token），将推文拆分为标记的过程称为**词性标注**。用于执行词性标注的代码如下：

```
tweets <- c(t1, t2, t3, t4, t5)
token <- text_tokenizer(num_words = 10) %>%
        fit_text_tokenizer(tweets)
token$index_word[1:3]
$`1`
[1] "the"
```

```
$`2`
[1] "aapl"

$`3`
[1] "in"
```

从以上代码可以看到以下内容：
- 首先将五条推文存入 tweets。
- 对于词性标注过程，将 num_words 指定为 10，以表示希望使用 10 个最常用的单词，而忽略其他单词。
- 虽然指定要有 10 个常用单词，但实际使用的整数的最大值是 10−1＝9。
- 使用了 fit_text_tokenizer，它可以自动将文本转换为小写，并删除推文中的任何标点符号。
- 可以观察到，这五条推文中使用最频繁三个词是 the、aapl 和 in。

 请注意，使用最频繁的词对于文本分类而言并不一定就是重要的词。

9.2.2　文本转换为整数序列

以下代码用于将文本转换为整数序列，并提供输出：

```
seq <- texts_to_sequences(token, tweets)
seq
[[1]]
[1] 4 5 6 2 7 8 1 9 6

[[2]]
[1] 2 4 1 1 8 1

[[3]]
[1] 2 1

[[4]]
```

```
[1] 2 9 2 7 3 1
[[5]]
[1] 3 1 2 3 5
```

由以上代码可以看到以下内容：

● 使用 texts_to_sequences 将推文转换为整数序列。

● 因为选择作为标记的使用最频繁的单词为 10，所以每个整数序列中的整数的最大值为 9。

● 对于每条推文，序列中的整数数量少于单词数量，因为只使用最频繁的单词。

● 整数序列的长度不同，从 2 到 9 不等。

● 为了开发分类模型，所有序列的长度都必须相等。这可以通过填充或截断来实现。

9.2.3　填充与截断

使所有整数序列长度相等的代码如下：

```
pad_seq <- pad_sequences(seq, maxlen = 5)
pad_seq
      [,1] [,2] [,3] [,4] [,5]
[1,]    7    8    1    9    6
[2,]    4    1    1    8    1
[3,]    0    0    0    2    1
[4,]    9    2    7    3    1
[5,]    3    1    2    3    5
```

由以上代码可见：

● 使用 pad_sequences，这样所有的整数序列长度都相等。

● 当指定所有序列的最大长度（使用 maxlen）为 5 时，将截断长度大于 5 的序列，并向长度小于 5 的序列添加零。

● 请注意，此处填充的默认设置为 "pre"。这意味着当序列长度大于 5 时，截断将影响序列开头的整数。可以从以上代码输出的第一个序列观察到这一点，其中 4、5、6 和 2 已被删除。

● 类似地，对于长度为 2 的第三个序列，在序列的开头添加了三个零。

在有些情况下，可能更喜欢截断整数序列的末尾或在末尾添加零。实现代码如下：

```
pad_seq <- pad_sequences(seq, maxlen = 5, padding = 'post')
pad_seq
     [,1]  [,2]  [,3]  [,4]  [,5]
[1,]    7     8     1     9     6
[2,]    4     1     1     8     1
[3,]    2     1     0     0     0
[4,]    9     2     7     3     1
[5,]    3     1     2     3     5
```

在以上代码中，将填充指定为 post。这种填充的影响可以在输出中看到，即在序列 3 的末尾添加了零，加起来小于 5。

9.2.4　推文情感分类模型的开发

为了开发推文情感分类模型，需要为每条推文添加标签。但是，获得准确反映推文情感的标签是一项挑战。可以查看一些现有的情感分类词典，以了解为什么不容易得到合适的标签。只有五条推特，不可能建立情感分类模型。但是，这里的想法只是查看为每条推文找到合适标签的过程。这将有助于了解获取准确标签所面临的挑战。为了自动提取每条推文的情感分数，将使用 syuzhet 软件包。为此，还将使用常用词汇。美国国家研究委员会（National Research Council，NRC）的词典有助于捕捉基于特定单词的各种情感。获取五条推文情感分数的代码如下：

```
library(syuzhet)
get_nrc_sentiment(tweets)
  anger  anticipation  disgust  fear  joy  sadness  surprise  trust  negative
positive
1    1                    0        0     1     0        0         0        0
0
2    0                    0        0     0     0        0         0        0
0
3    1                    1        1     1     1        1         0        1
1
4    0                    1        0     0     0        0         0        0
0
5    1                    0        0     0     0        0         0        1
0
```

第一条推文的结果是，愤怒和恐惧的得分均为 1 分。虽然它包含'bearish'一词，但如果读到这条推文，会确定它实际上是正面的。

接着来看下列代码，其中包含单词"bearish""death"和"animated"的情感分数：

```
get_nrc_sentiment('bearish')
    anger  anticipation disgust fear joy sadness surprise trust negative positive
1       1             0       0    1    0        0        0     0        0        0

get_nrc_sentiment('death')
    anger  anticipation disgust fear joy sadness surprise trust negative positive
1       1             1       1    1    0        1        1     0        1        0

get_nrc_sentiment('animated')
    anger  anticipation disgust fear joy sadness surprise trust negative positive
1       0             0       0    0    1        0        0     0        0        1
```

由以上代码可以确定以下内容：
- 第一条推文的总分是以斜体字为基础的，没有其他内容。
- 除 trust（信任）外，第三条推文的每个类别得分都为 1。
- 显然，通过阅读这条推文，可以知道写这条推文的人实际上觉得动画表情对苹果是正面的，而对 Snapchat 是负面的。
- 情感评分基于这条推文中的两个词：death（死亡）和 animated（动画）。它们没有抓住第三条推文表达的真实情感，这对苹果是非常积极的。

当用负面情感（表示为 0）和正面情感（表示为 1）手动逐条标记这五条推文时，分数可能分别为 1、0、1、1 和 1。使用下列代码，借助 syuzhet、bing 和 afinn 词典，可得出这些情感分数：

```
get_sentiment(tweets, method="syuzhet")
[1]  0.00  0.80 -0.35  0.00 -0.25

get_sentiment(tweets, method="bing")
[1] -1  0 -1 -1  0

get_sentiment(tweets, method="afinn")
[1]  4  0 -2  0  0
```

查看 syuzhet、bing 和 afinn 词典的结果，可以观察到以下几点：

● 结果与推文包含的实际情感有很大差异。因此，尝试用适当的情感分数自动标记推文是困难的。

● 自动标记文本序列是一个具有挑战性的问题。但是，一种解决方案是手动标记大量文本序列，如推文，然后使用它来开发情感分类模型。

● 此外，需要注意的是，这种情感分类模型仅对用于开发模型的特定类型的文本数据有用。

● 对不同的文本情感分类应用，无法使用相同的模型。

9.3　深度学习网络开发

虽然不会仅仅基于五条推文来开发分类模型，但还是来看一下模型架构的代码：

```
model <- keras_model_sequential()
model %>% layer_embedding(input_dim = 10,
                          output_dim = 8,
                          input_length = 5)
summary(model)
```

OUTPUT
```
_____
Layer (type)                        Output Shape                   Param
#
========================================================================
=======
embedding_1 (Embedding)             (None, 5, 8)                   80
========================================================================
=======
Total params: 80
Trainable params: 80
Non-trainable params: 0
_____
```

```
print(model$get_weights(), digits = 2)

[[1]]
        [,1]      [,2]      [,3]     [,4]      [,5]      [,6]      [,7]      [,8]
[1,]  0.0055  -0.0364  -0.0475   0.049  -0.0139  -0.0114  -0.0452  -0.0298
[2,]  0.0398  -0.0143  -0.0406   0.023  -0.0496  -0.0124   0.0087  -0.0104
[3,]  0.0370  -0.0321  -0.0491  -0.021  -0.0214   0.0391   0.0428  -0.0398
```

[4,]	-0.0257	0.0294	0.0433	0.048	0.0259	-0.0323	-0.0308	0.0224
[5,]	-0.0079	-0.0255	0.0164	0.023	-0.0486	0.0273	0.0245	-0.0020
[6,]	0.0372	0.0464	0.0454	-0.020	0.0086	-0.0375	-0.0188	0.0395
[7,]	0.0293	0.0305	0.0130	0.037	-0.0324	-0.0069	-0.0248	0.0178
[8,]	-0.0116	-0.0087	-0.0344	0.027	0.0132	0.0430	-0.0196	-0.0356
[9,]	0.0314	-0.0315	0.0074	-0.044	-0.0198	-0.0135	-0.0353	0.0081
[10,]	0.0426	0.0199	-0.0306	-0.049	0.0259	-0.0341	-0.0155	0.0147

由以上代码可以观察到以下情况：

- 使用 keras_model_sequential（）初始化模型。
- 指定输入维度为 10，这是最常见单词的数量。
- 8 的输出维度导致参数数量为 $10 \times 8 = 80$。
- 输入长度是整数序列的长度。
- 可以使用 model$get_weights（）获得这 80 个参数的权重。

 请注意，每次模型初始化，这些权重都会改变。

9.3.1　获取 IMDb 电影评论数据

现在准备使用 IMDb 电影评论数据，其中每条评论的情感都已被标记为正面或负面。从 Keras 访问 IMDb 电影评论数据的代码如下：

```
imdb <- dataset_imdb(num_words = 500)
c(c(train_x, train_y), c(test_x, test_y)) %<-% imdb
z <- NULL
for (i in 1:25000) {z[i] <- print(length(train_x[[i]]))}
summary(z)
   Min. 1st Qu.  Median    Mean  3rd Qu.    Max.
   11.0   130.0   178.0   238.7   291.0  2494.0
```

由以上代码可以观察到以下情况：

- 使用 train_x 和 train_y 分别存储整数序列和表示正面或负面情感的标签。
- 对测试数据也采用类似的约定。

● 训练和测试数据均包含 25 000 条评论。

● 序列长度的信息汇总表明，基于使用最频繁的单词的电影评论的最小长度为 11，最大序列长度为 2494。

● 中位数（median）序列长度为 178。

● 中位数小于平均值（mean），这表明该数据将向右倾斜，并在右侧有较长的尾部。

训练数据序列长度的直方图如图 9.1 所示。

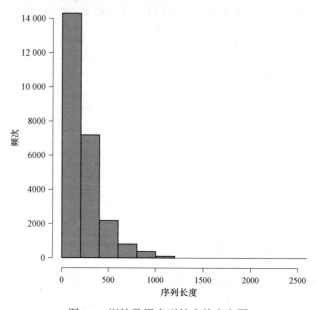

图 9.1　训练数据序列长度的直方图

整数序列长度的直方图表现出了右偏模式。大多数序列的整数都小于 500。

接下来将使用以下代码使整数序列的长度相等：

```
train_x <- pad_sequences(train_x, maxlen = 100)
test_x <- pad_sequences(test_x, maxlen = 100)
```

由以上代码可以观察到以下情况：

● 取 maxlen 为 100，将每个序列的长度标准化为 100 个整数。

● 大于 100 的序列将截断或删除任何额外的整数；小于 100 的序列将会被补充零，人为地增加序列的长度，使其达到 100。对训练序列和测试序列都这样做。

现在，准备构建一个分类模型。

9.3.2　构建分类模型

为了得到模型架构和模型信息汇总，可以使用以下代码：

```
model <- keras_model_sequential()
model %>% layer_embedding(input_dim = 500,
                          output_dim = 16,
                          input_length = 100) %>%
         layer_flatten() %>%
         layer_dense(units = 16, activation = 'relu') %>%
         layer_dense(units = 1, activation = "sigmoid")
summary(model)
```

OUTPUT

Layer (type)	Output Shape	Param #
embedding_12 (Embedding)	(None, 100, 16)	8000
flatten_3 (Flatten)	(None, 1600)	0
dense_6 (Dense)	(None, 16)	25616
dense_7 (Dense)	(None, 1)	17

Total params: 33,633
Trainable params: 33,633
Non-trainable params: 0

由以上代码可以观察到以下情况：

- 这里在 layer_embedding（）之后添加了 layer_flatten（）。
- 然后是一个密集层，有 16 个节点和一个 relu 激活函数。
- 模型信息汇总结果显示，共有 33 633 个参数。

现在，开始编译模型。

9.3.3　模型编译

需要使用以下代码来编译模型：

```
model %>% compile(optimizer = "rmsprop",
        loss = "binary_crossentropy",
        metrics = c("acc"))
```

由以上代码可以观察到以下情况：

- 使用了 rmsprop 优化器来编译模型。
- 使用了 binary_crossentropy 进行损失计算，因为响应有两个值，即正或负。度量指标采用准确率。

现在，开始拟合模型。

9.3.4　模型拟合

需要使用以下代码来拟合模型：

```
model_1 <- model %>% fit(train_x, train_y,
                    epochs = 10,
                    batch_size = 128,
                    validation_split = 0.2)
plot(model_1)
```

如以上代码所示，使用 train_x 和 train_y 来拟合模型，有 10 个轮次和 128 的批量大小。使用 20%的训练数据来评估模型的性能，包括损失和准确率。模型拟合后，绘制损失和准确率图，如图 9.2 所示。

由图 9.2 可以观察到以下情况：

- 损失和准确率图显示，大约 4 个轮次后，训练数据和验证数据开始远离。
- 无论是损失还是准确率，训练数据和验证数据之间均是发散的。
- 这个模型不会被采用，因为有明显的证据表明存在过拟合问题。

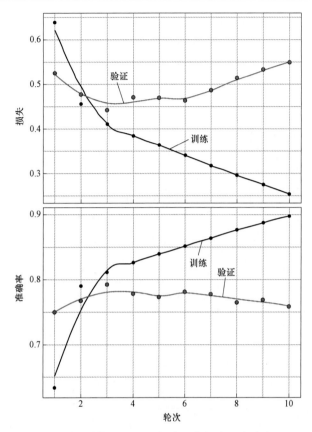

图 9.2 模型（model_1）拟合后的损失和准确率图

为了克服这个过拟合问题，需要修改前面的代码，结果如下：

```
model <- keras_model_sequential()
model %>% layer_embedding(input_dim = 500,
                          output_dim = 16,
                          input_length = 100) %>%
        layer_flatten() %>%
        layer_dense(units = 16, activation = 'relu') %>%
        layer_dense(units = 1, activation = "sigmoid")
model %>% compile(optimizer = "rmsprop",
        loss = "binary_crossentropy",
        metrics = c("acc"))
```

```
model_2 <- model %>% fit(train_x, train_y,
                         epochs = 10,
                         batch_size = 512,
                         validation_split = 0.2)
plot(model_2)
```

查看以上代码，可以观察到以下情况：

● 重新运行模型，只做了一处更改，即将批量大小增加到 512。

● 其他设定保持不变，然后使用训练数据拟合模型。

模型拟合后，绘制损失和准确率图，如图 9.3 所示。

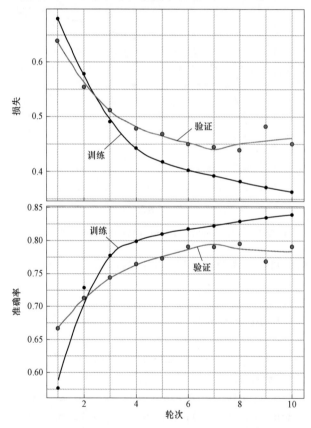

图 9.3　模型（model_2）拟合后的损失和准确率图

由图 9.3 可以观察到以下情况：

- 这次的损失和准确率显示了更好的结果。
- 在损失和准确率方面，训练和验证曲线彼此更接近。
- 此外，基于验证数据的损失和准确率没有出现在前一个模型中观察到的严重恶化，这里最后三个轮次的值是平的。
- 可以通过对代码进行少量修改来克服过拟合的问题。

下面将该模型用于评价和预测。

9.4　模型评价和预测

这里将利用训练数据和测试数据评价模型，以得到损失、准确率和混淆矩阵。其目标是获得一个模型，可以将电影评论所包含的情感分为正面或负面。

9.4.1　利用训练数据的评价

从训练数据中得到损失和准确率的代码如下：

```
model %>% evaluate(train_x, train_y)
$loss
[1] 0.3745659
$acc
[1] 0.83428
```

由此可见，对于训练数据，损失和准确率分别为 0.375 和 0.834。为了更深入地研究模型的情感分类性能，需要开发一个混淆矩阵。为此，可以使用以下代码：

```
pred <- model %>%  predict_classes(train_x)
table(Predicted=pred, Actual=imdb$train$y)
         Actual
Predicted    0      1
        0 11128   2771
        1  1372   9729
```

在以上代码中，预测训练数据的类正在使用该模型，并将结果与电影评论的实际情感类进行比较。结果汇总在混淆矩阵中。关于混淆矩阵，可以得出以下观察结果：

- 该模型正确预测了 11 128 条电影评论中包含的负面情感。
- 该模型正确预测了 9729 条电影评论中包含的正面情感。

● 将正面评论错误分类为负面评论的比例（2771）高于将负面评论错误分类为正面评论的比例（1372）。

接下来将使用测试数据重复该过程。

9.4.2 利用测试数据的评价

从测试数据中获得损失和准确率的代码如下：

```
model %>% evaluate(test_x, test_y)
$loss
[1] 0.4431483
$acc
[1] 0.79356
```

由此可见，就测试数据而言，损失和准确率分别为 0.443 和 0.794。这些结果略低于针对训练数据所获得的结果。可以使用该模型预测测试数据的类别，并将它们与电影评论的实际类别进行比较。结果可以汇总在混淆矩阵里，如下所示：

```
pred1 <- model %>%  predict_classes(test_x)
table(Predicted=pred1, Actual=imdb$test$y)
         Actual
Predicted    0      1
        0  10586   3247
        1   1914   9253
```

从混淆矩阵可以观察到以下情况：

● 总体上，与正面电影评论（9253）相比，该模型在正确地预测负面电影评论（10 586）方面似乎更准确。

● 该模式与通过训练数据所获得的结果一致。

● 此外，尽管 79%的测试数据准确率相当不错，但仍有改进模型情感分类性能的余地。

下一节将探讨性能优化的提示与最佳实践。

9.5　性能优化提示与最佳实践

现在已经得知测试数据的电影评论分类准确率为 79%，还可以进一步提高该准确率。实现这样的改进可能需要对模型架构中的参数、编译模型所用参数和/或拟合模型时所用的设置进行实验。本节将通过更改单词序列的最大长度来进行一个实验，同时使用与前面的模型所使用的不同的优化器。

9.5.1　最大序列长度和优化器的实验

首先利用以下代码为表示电影评论及其标签的整数序列创建 train 和 test 数据：

```
c(c(train_x, train_y), c(test_x, test_y)) %<-% imdb
z <- NULL
for (i in 1:25000) {z[i] <- print(length(train_x[[i]]))}
summary(z)
   Min. 1st Qu.  Median    Mean 3rd Qu.     Max.
   11.0   130.0   178.0   238.7   291.0   2494.0
```

在以上代码中，根据 z 中的训练数据存储序列的长度。这样可以得到 z 的信息汇总。这里的数值汇总包括最小值、第一个四分位数、中位数、平均值、第三个四分位数和最大值。单词序列的中位数为 178。前面的章节在填充序列时使用了最大长度 100，以便它们的长度相等。本实验将最大长度增加到 200，这样就有了一个更接近中位数的数字。代码如下：

```
imdb <;- dataset_imdb(num_words = 500)
c(c(train_x, train_y), c(test_x, test_y)) %<-% imdb
train_x <- pad_sequences(train_x, maxlen = 200)
test_x <- pad_sequences(test_x, maxlen = 200)
model <- keras_model_sequential()
model %>% layer_embedding(input_dim = 500,
                          output_dim = 16,
                          input_length = 200) %>%
        layer_flatten() %>%
        layer_dense(units = 16, activation = 'relu') %>%
        layer_dense(units = 1, activation = "sigmoid")
model %>% compile(optimizer = "adamax",
                  loss = "binary_crossentropy",
                  metrics = c("acc"))
model_3 <- model %>% fit(train_x, train_y,
```

```
                                       epochs = 10,
                                       batch_size = 512,
                                       validation_split = 0.2)
plot(model_3)
```

另一个更改是在编译模型时使用 adamax 优化器。请注意，这是流行的 adam 优化器的一个变体。其他的保持不变。模型训练后，绘制损失和准确率图，如图 9.4 所示。

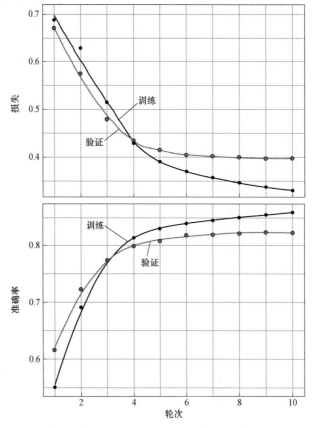

图 9.4 模型（model_3）拟合后的损失和准确率图

从图 9.4 可以观察到以下情况：

- 训练和验证数据的损失和准确率显示，在大约 4 个轮次内，情况迅速改善。
- 经过 4 个轮次后，对于训练数据的这些改善有所下降。
- 对于验证数据，损失和准确率在最后几个轮次内变得平坦。

- 图 9.4 中没有显示任何对过拟合担心的原因。

9.5.2　测试数据的损失、准确率及混淆矩阵

接下来，需要使用以下代码根据测试数据计算损失和准确率：

```
model %>% evaluate(test_x, test_y)
$loss
[1] 0.3906249
$acc
[1] 0.82468
```

由以上代码可以观察到以下情况：
- 基于测试数据，该模型的损失和准确率分别为 0.391 和 0.825。
- 两个数字都表明，与在上一节中取得的性能相比，改进模型的性能有所提高。

为了进一步研究模型的情感分类性能，可以使用以下代码：

```
pred1 <- model %>%  predict_classes(test_x)
table(Predicted=pred1, Actual=imdb$test$y)
        Actual
Predicted    0     1
        0  9970  1853
        1  2530 10647
```

根据混淆矩阵（基于测试数据的电影评论），可以观察到以下情况：
- 负面评论（9970）和正面评论（10 647）的正确分类现在更加接近。
- 与负面评论的正确分类相比，正面评论的正确分类稍微好一些。
- 该模型将负面评论错误分类为正面评论的比例（2530）略高于将正面评论错误分类为负面评论的比例（1853）。

这里使用最大序列长度和用于编译模型的优化器类型进行实验，提高了情感分类性能。鼓励读者继续实验，以进一步改进模型的情感分类性能。

9.6　本章小结

本章首先开发了用于文本分类的深度学习网络。由于文本数据的独特性，在开发深度学

习网络情感分类模型之前，需要额外的预处理步骤。本章使用了五条推文的小样本来完成预处理步骤，包括词性标注、将文本数据转换为整数序列以及填充/截断以达到相同的序列长度。同时强调，自动标记带有适当情感的文本序列是一个具有挑战性的问题，一般词典可能无法提供有用的结果。

为了开发深度学习情感分类模型，本章转而采用了一个更大的、随时可用的 IMDb 电影评论数据集，该数据集是 Keras 的一部分。为了优化模型的性能，还针对一些参数如数据准备时的最大序列长度以及用于编译模型的优化器类型进行了实验。这些实验取得了令人满意的结果。但是，应该继续探索这些数据，以便进一步提高深度学习网络模型的情感分类性能。

下一章将使用循环神经网络分类模型，该模型更适合处理涉及序列的数据。

第 10 章　基于循环神经网络的文本分类

循环神经网络可用于解决数据涉及序列的问题。在文本分类、时间序列预测、视频中的帧序列、DNA 序列和语音识别中可以看到涉及序列的一些应用示例。

本章将使用循环神经网络开发情感（正面或负面）分类模型。本章首先准备用于开发文本分类模型的数据；然后开发序列模型、编译模型、拟合模型、评估模型、预测，以及基于混淆矩阵进行模型性能评估；还将回顾情感分类性能优化的一些提示与最佳实践。

具体而言，本章涵盖以下主题：

- 为模型构建准备数据。
- 循环神经网络模型的开发。
- 模型拟合。
- 模型评价和预测。
- 性能优化提示与最佳实践。

10.1　为模型构建准备数据

10.1.1　获取数据

本章将使用 Keras 包提供的 IMDb 电影评论文本数据。请注意，没有必要从任何地方下载这些数据，因为利用稍后提供的代码可以从 Keras 库轻而易举地获得。此外，要对数据集进行预处理，以便将文本数据转换为整数序列。不能直接使用文本数据来建立模型，在将数据用作开发深度学习网络的输入之前，必须将文本数据预处理为整数序列。

首先利用 dataset_imdb 函数加载 imdb 数据，还要用 num_words 将使用最频繁的单词数指定为 500。然后，将 imdb 数据拆分为 train 和 test 数据集。查看以下代码以理解这些数据：

```
# IMDB data
imdb <- dataset_imdb(num_words = 500)
c(c(train_x, train_y), c(test_x, test_y)) %<-% imdb
length(train_x); length(test_x)
[1] 25000
[1] 25000
```

```
table(train_y)
train_y
    0     1
12500 12500
```

```
table(test_y)
test_y
    0     1
12500 12500
```

由以上代码可见：

● train_x 和 test_x 分别包含表示训练和测试数据中的评论的整数。

● 类似地，train_y 和 test_y 包含标签 0 和 1，分别表示负面情感和正面情感。

● 使用 length 函数，可以看到 train_x 和 test_x 都基于 25 000 条电影评论。

● train_y 和 test_y 的表格显示，训练和验证数据中的正面（12 500）和负面（12 500）评论的数量相等。

这样一个平衡的数据集有助于避免由于类不平衡问题而产生的任何偏差。

电影评论中的单词由唯一的整数表示，分配给单词的每个整数取决于其在数据集中的总频次。例如，整数 1 表示使用最频繁的单词，而整数 2 表示使用第二频繁的单词，依此类推。此外，整数 0 不用于任何特定单词，只表示未知单词。

用下面的代码查看 train_x 数据中的第三和第六个序列：

```
# Sequence of integers
train_x[[3]]
  [1]    1   14   47    8   30   31    7    4  249  108    7    4    2   54   61  369
 [17]   13   71  149   14   22  112    4    2  311   12   16    2   33   75   43    2
 [33]  296    4   86  320   35    7   19  263    2    2    4    2   33   89   78   12
 [49]   66   16    4  360    7    4   58  316  334   11    4    2   43    2    2    8
 [65]  257   85    2   42    2    2   83   68    2   15   36  165    2  278   36   69
 [81]    2    2    8  106   14    2    2   18    6   22   12  215   28    2   40    6
 [97]   87  326   23    2   21   23   22   12  272   40   57   31   11    4   22   47
[113]    6    2   51    9  170   23    2  116    2    2   13  191   79    2   89    2
[129]   14    9    8  106    2    2   35    2    6  227    7  129  113
```

```
train_x[[6]]
  [1]    1    2 128   74   12    2 163  15    4    2    2    2    2  32  85 156  45
 [18]   40 148 139 121    2    2  10  10    2 173    4    2    2  16    2    8   4
 [35]  226  65   12   43 127  24    2  10  10

for (i in 1:6) print(length(train_x[[i]]))

Output

[1] 218
[1] 189
[1] 141
[1] 550
[1] 147
[1] 43
```

由以上代码和输出，可以观察到以下情况：

● 从第三条电影评论相关的整数序列的输出，可以观察到第三条电影评论包含 141 个介于 1（第一个整数）和 369（第十六个整数）之间的整数。

● 因为将使用最频繁的单词限制为 500，所以对于第三条电影评论，没有大于 500 的整数。

● 类似地，从第六条电影评论的相关整数序列的输出，可以观察到第六条电影评论包含 43 个介于 1（第一个整数）和 226（第 35 个整数）之间的整数。

● 查看 train_x 数据中前六个序列的长度，可以观察到电影评论的长度在 43（训练数据中的第六条评论）和 550（训练数据中的第四条评论）之间变化。电影评论长度的这种变化是正常的，也是意料之中的。

在开发电影评论情感分类模型之前，需要找到一种方法，使所有电影评论的整数序列长度相等。这可以通过填充序列来实现。

10.1.2　序列填充

填充文本序列是为了确保所有序列的长度相等。代码如下：

```
# Padding and truncation
```

```
train_x <- pad_sequences(train_x, maxlen = 100)
test_x <- pad_sequences(test_x, maxlen = 100)
```

由以上代码可以观察到以下情况：

● 借助 pad_sequences 函数并为 maxlen 指定一个值，便可以使所有整数序列的长度相等。

● 在本例中，将训练和测试数据的每条电影评论序列的长度限制为 100。请注意，在填充序列之前，train_x 和 test_x 的结构是 25 000 条评论的列表。

● 但是，在填充序列后，两者的结构都会变为 25 000×100 的矩阵。这可以通过在填充前后运行 str（train_x）进行验证。

为了观察填充对整数序列的影响，可以查看以下代码及其输出结果：

```
# Sequence of integers
train_x[3,]
 [1]    2    4    2   33   89   78   12   66   16    4  360    7    4   58  316  334
[17]   11    4    2   43    2    2    8  257   85    2   42    2    2   83   68    2
[33]   15   36  165    2  278   36   69    2    2    8  106   14    2    2   18    6
[49]   22   12  215   28    2   40    6   87  326   23    2   21   23   22   12  272
[65]   40   57   31   11    4   22   47    6    2   51    9  170   23    2  116    2
[81]    2   13  191   79    2   89    2   14    9    8  106    2    2   35    2    6
[97]  227    7  129  113


train_x[6,]
 [1]    0    0    0    0    0    0    0    0    0    0    0    0    0    0    0    0
[17]    0    0    0    0    0    0    0    0    0    0    0    0    0    0    0    0
[33]    0    0    0    0    0    0    0    0    0    0    0    0    0    0    0    0
[49]    0    0    0    0    0    0    0    0    0    1    2  128   74   12    2  163
[65]   15    4    2    2    2    2   32   85  156   45   40  148  139  121    2    2
[81]   10   10    2  173    4    2   16    2    8    4  226   65   12   43  127
[97]   24    2   10   10
```

由以上代码可见 train_x 填充后的第三个整数序列的输出。可以观察到以下情况：

● 第三个序列现在的长度为 100。第三个序列最初有 141 个整数，可以观察到位于序列开头的 41 个整数被截断。

- 另外，第六个序列的输出显示出不同的模式。
- 第六个序列最初的长度为 43，但现在在序列的开头添加了 57 个零，人为地将长度增大为 100。
- 训练和测试数据中与电影评论相关的所有 25 000 个整数序列都受到类似的影响。

下一节将开发一个用于开发电影评论情感分类模型的循环神经网络架构。

10.2　循环神经网络模型的开发

本节将开发循环神经网络的架构并对其进行编译。代码如下：

```
# Model architecture
model <- keras_model_sequential()
model %>%
        layer_embedding(input_dim = 500, output_dim = 32) %>%
        layer_simple_rnn(units = 8) %>%
        layer_dense(units = 1, activation = "sigmoid")
```

首先使用 keras_model_sequential 函数初始化模型。然后，添加嵌入层和简单循环神经网络层。对于嵌入层，将 input_dim 指定为 500，这与前面指定的使用最频繁的单词数相同。下一层是简单循环神经网络层，隐藏单元的数量指定为 8。

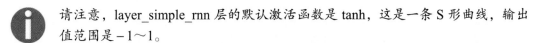 请注意，layer_simple_rnn 层的默认激活函数是 tanh，这是一条 S 形曲线，输出值范围是 $-1\sim1$。

最后的密集层有一个单元，通过激活函数 sigmoid 捕捉电影评论情感（正面或负面）。当输出值介于 0 和 1 之间时，如本例所示，由于可以将其视为概率，因此容易解释。

 请注意，sigmoid 激活函数是一条 S 形曲线，其输出值范围是 $0\sim1$。

现在来看模型的信息汇总，了解如何计算所需的参数数量。

10.2.1　参数的计算

循环神经网络模型的信息汇总如下：

```
# Model summary
```

```
model
```

```
OUTPUT
```

Model

Layer (type)	Output Shape	Param #
embedding_21 (Embedding)	(None, None, 32)	16000
simple_rnn_23 (SimpleRNN)	(None, 8)	328
dense_24 (Dense)	(None, 1)	9

Total params: 16,337
Trainable params: 16,337
Non-trainable params: 0

嵌入层的参数数量通过 500（使用最频繁的单词的数量）和 32（输出维度）相乘得到，为 16 000。简单循环神经网络层的参数数量利用（$h(h+i)+h$）求得，其中 h 表示隐藏单元的数量，i 表示该层的输入维度。在本例中 i 是 32。

因此，循环神经网络层的参数数量为（8（8+32）+8）=328。

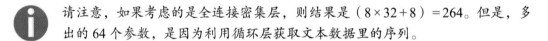 请注意，如果考虑的是全连接密集层，则结果是（8×32+8）=264。但是，多出的 64 个参数，是因为利用循环层获取文本数据里的序列。

循环层还使用之前输入的信息，因此可以在这里看到这些多出的参数。这就是为什么循环神经网络层比常规密集连接的神经网络层更适合处理序列数据的原因。最后一层是密集层，有（1×8+1）=9 个参数。总体上，该架构有 16 337 个参数。

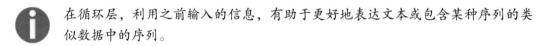 在循环层，利用之前输入的信息，有助于更好地表达文本或包含某种序列的类似数据中的序列。

10.2.2　模型编译

模型编译的代码如下：

```
# Compile model
model %>% compile(optimizer = "rmsprop",
         loss = "binary_crossentropy",
         metrics = c("acc"))
```

利用为循环神经网络推荐的 **rmsprop** 优化器编译模型。由于电影评论要么是正面的，要么是负面的，所以利用 binary_crossentropy 作为二元响应的损失函数。最后，指定准确率作为度量指标。

下一节将使用该架构开发一个采用循环神经网络的电影评论情感分类模型。

10.3　模型拟合

10.3.1　拟合代码

模型拟合的代码如下：

```
# Fit model
model_one <- model %>% fit(train_x, train_y,
         epochs = 10,
         batch_size = 128,
         validation_split = 0.2)
```

为了拟合模型，采用 20%的验证分割，即用训练数据中的 20 000 条电影评论数据来构建模型，剩余的 5000 条电影评论数据用于评估验证损失和准确率。运行 10 个轮次，批量大小为 128。

使用验证分割时，需要注意，前 80%的训练数据用于训练，后 20%的训练数据用于验证。因此，如果前 50%的评论数据是负面的，后 50%的评论数据是正面的，那么 20%的验证分割将导致模型验证仅基于正面的评价。因此，在使用验证分割之前，必须确认不存在这样的情况。否则，它将引入显著的偏差。

10.3.2　准确率和损失

使用 plot（model_one），训练和验证数据（model_one）在 10 个轮次后的损失和准确率图如图 10.1 所示。

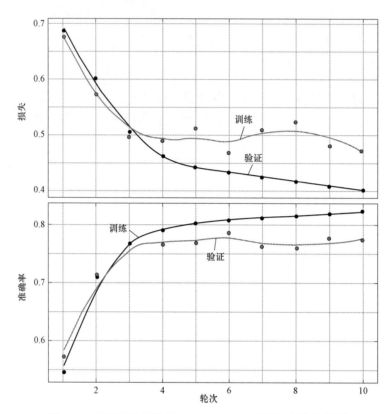

图 10.1 训练和验证数据（model_one）的损失和准确率图

由图 10.1 可以观察到以下结果：

- 训练损失从第 1 个轮次到第 10 个轮次持续减少。
- 验证损失最初减少，但经过 3 个轮次后，开始趋于平缓。
- 在相反的方向上，对于准确率，也观察到类似的模式。

下一节将评价分类模型，并借助训练和测试数据评估模型预测性能。

10.4 模型评价和预测

首先，根据训练数据评价模型的损失和准确率；还将根据训练数据获得混淆矩阵。对验证数据重复相同的过程。

10.4.1　训练数据

这里将使用 evaluate 函数获得损失和准确率，代码如下：

```
# Loss and accuracy
model %>% evaluate(train_x, train_y)
$loss
[1] 0.4057531


$acc
[1] 0.8206
```

由输出结果可见，基于训练数据的损失和准确率分别为 0.406 和 0.821。

基于训练数据的预测来建立混淆矩阵，代码如下：

```
# Prediction and confusion matrix
pred <- model %>% predict_classes(train_x)
table(Predicted=pred, Actual=imdb$train$y)
  Actual
Predicted  0      1
  0       9778   1762
  1       2722   10738
```

由混淆矩阵可以得出以下观察结果：

● 有 9778 条电影评论被正确归类为负面评论，有 10 738 条电影评论被正确归类为正面评论。可以观察到，该模型在将评论分为正面或负面评论方面做得不错。

● 对于错误分类，还可以观察到，有 2722 次将负面评论错误分类为正面评论。相比分类模型将正面评论错误分类为负面评论（1762 次）的结果，这一比例相对较高。

接下来，根据测试数据进行类似的评估。

10.4.2　测试数据

获取损失和准确率的代码如下：

```
# Loss and accuracy
```

```
model %>% evaluate(test_x, test_y)
$loss
[1] 0.4669374


$acc
[1] 0.77852
```

由以上代码可见，基于测试数据的损失和准确率分别为 0.467 和 0.778。这些结果略低于使用训练数据的结果。

接下来预测测试数据的类，并利用结果获得混淆矩阵，代码如下：

```
# Prediction and confusion matrix
pred1 <- model %>%   predict_classes(test_x)
table(Predicted=pred1, Actual=imdb$test$y)
          Actual
Predicted     0     1
        0   9134  2171
        1   3366 10329
```

除了总体结果略低于使用训练数据获得的结果外，看不到训练和测试数据之间有任何重大差异。

下一节将探讨一些提高模型性能的策略。

10.5　性能优化提示与最佳实践

在开发循环神经网络模型时，会遇到需要做出与网络相关的多个决策的情况。这些决策可能包括尝试不同的激活函数，而不是使用默认的激活函数。本节将进行这些更改，以查看它们对模型的电影评论情感分类性能有何影响。

本节将试验以下四个因素：
- 简单循环神经网络层的单元数。
- 简单循环神经网络层使用的不同激活函数。
- 增加循环层。
- 填充序列的最大长度。

10.5.1　简单循环神经网络层的单元数

加入该更改，然后编译、拟合模型，代码如下：

```
# Model architecture
model <- keras_model_sequential()
model %>%
        layer_embedding(input_dim = 500, output_dim = 32) %>%
        layer_simple_rnn(units = 32) %>%
        layer_dense(units = 1, activation = "sigmoid")


# Compile model
model %>% compile(optimizer = "rmsprop",
        loss = "binary_crossentropy",
        metrics = c("acc"))


# Fit model
model_two <- model %>% fit(train_x, train_y,
        epochs = 10,
        batch_size = 128,
        validation_split = 0.2)
```

这里通过将简单循环神经网络层中的单元数从 8 增加到 32 来实现对架构的更改。其他一切都保持不变。然后，编译并拟合模型。

训练和验证数据（model_two）在 10 个轮次后的损失和准确率图如图 10.2 所示。

图 10.2 说明了以下结论：

● 从第三个轮次开始，训练和验证数据之间的差距明显加大。

● 与图 10.1 相比，图 10.2 清楚地表明过拟合程度有所增加，其中简单循环神经网络中的单元数为 8。

● 这也反映在根据新模型获得的测试数据的较高损失（0.585）和较低准确率（0.757）上。

现在，开展在简单循环神经网络层中使用不同的激活函数的实验，以查看是否可以解决这个过拟合的问题。

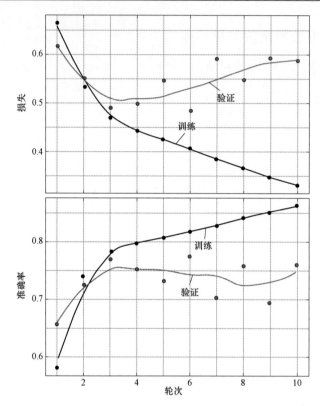

图 10.2　训练和验证数据（model_two）的损失和准确率图

10.5.2　简单循环神经网络层使用的不同激活函数

在以下代码中可以看到这个更改：

```
# Model architecture
model <- keras_model_sequential()
model %>%
        layer_embedding(input_dim = 500, output_dim = 32) %>%
        layer_simple_rnn(units = 32, activation = "relu") %>%
 layer_dense(units = 1, activation = "sigmoid")

# Compile model
model %>% compile(optimizer = "rmsprop",
 loss = "binary_crossentropy",
```

```
metrics = c("acc"))

# Fit model
model_three <- model %>% fit(train_x, train_y,
 epochs = 10,
 batch_size = 128,
 validation_split = 0.2)
```

在以上代码中，将简单循环神经网络层中的默认激活函数更改为 relu 激活函数。其他一切都保持和上次实验一样。

训练和验证数据（model_three）在 10 个轮次后的损失和准确率图如图 10.3 所示。

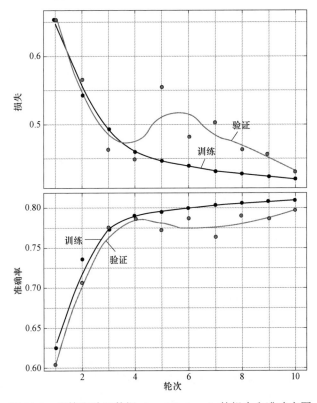

图 10.3　训练和验证数据（model_three）的损失和准确率图

由图 10.3 可以观察到以下情况：

● 损失和准确率现在看起来更好了。

- 基于训练和验证数据的损失和准确率曲线现在更为接近。
- 使用该模型，根据测试数据得到的损失和准确率分别为 0.423 和 0.803。与目前获得的结果相比，这个结果更好。

接下来将通过添加更多的循环层来进行进一步的实验。这将有助于建立一个更深层次的循环神经网络模型。

10.5.3 增加循环层

给当前网络添加两个额外的循环层以开展实验。包含该更改的代码如下：

```
# Model architecture
model <- keras_model_sequential() %>%
        layer_embedding(input_dim = 500, output_dim = 32) %>%
        layer_simple_rnn(units = 32,
                          return_sequences = TRUE,
                          activation = 'relu') %>%
        layer_simple_rnn(units = 32,
                          return_sequences = TRUE,
                          activation = 'relu') %>%
        layer_simple_rnn(units = 32,
                          activation = 'relu') %>%
        layer_dense(units = 1, activation = "sigmoid")


# Compile model
model %>% compile(optimizer = "rmsprop",
 loss = "binary_crossentropy",
 metrics = c("acc"))


# Fit model
model_four <- model %>% fit(train_x, train_y,
0 epochs = 10,
 batch_size = 128,
 validation_split = 0.2)
```

添加这些额外的循环层时，还将 return_sequences 设置为 TRUE。保持其他一切不变，并编译、拟合模型。训练和验证数据（model_four）的损失和准确率图如图 10.4 所示。

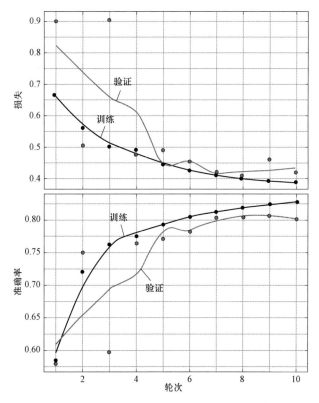

图 10.4　训练和验证数据（model_four）的损失和准确率图

由图 10.4 可以观察到以下情况：

● 经过 10 个轮次后，训练和验证数据的损失和准确率曲线显示出合理的接近度，表明没有过拟合。

● 基于测试数据的损失和准确率表明，结果有了很大改善，分别为 0.403 和 0.816。

● 这表明，更深的循环层确实有助于更好地捕捉电影评论中的单词序列。这就使得电影评论中的情感分类（无论正面还是负面）效果得以改进。

10.5.4　填充序列的最大长度

至此，在训练和测试数据中使用的填充电影评论序列的最大长度为 100。使用以下代码查看 train 和 test 数据中电影评论长度的信息汇总：

```
# Summary of padding sequences
z <- NULL
for (i in 1:25000) {z[i] <- print(length(train_x[[i]]))}
  Min. 1st Qu.  Median   Mean 3rd Qu.   Max.
  11.0   130.0   178.0   238.7   291.0 2494.0

z <- NULL
for (i in 1:25000) {z[i] <- print(length(test_x[[i]]))}
  Min. 1st Qu.  Median   Mean 3rd Qu.   Max.
   7.0   128.0   174.0   230.8   280.0 2315.0
```

由以上代码可以得出以下观察结果：

● 从训练数据中的电影评论长度信息汇总可见，最小评论长度为 11，最大评论长度为 2494，中间评论长度为 178。

● 同样地，测试数据的最小评论长度为 7，最大评论长度为 2315，中间评论长度为 174。

请注意，当最大填充长度低于中位数（最大长度为 100）时，倾向于通过删除超过 100 的单词来截断更多的电影评论。同时，当选择填充的最大长度显著高于中位数时，将遇到这样一种情况：更多的电影评论需要包含零，而更少的电影评论将被截断。

这里将探讨将电影评论中单词序列的最大长度保持在中位数附近的影响。加入该变更的代码如下：

```
# IMDB data
c(c(train_x, train_y), c(test_x, test_y)) %<-% imdb
train_x <- pad_sequences(train_x, maxlen = 200)
test_x <- pad_sequences(test_x, maxlen = 200)


# Model architecture
model <- keras_model_sequential() %>%
        layer_embedding(input_dim = 500, output_dim = 32) %>%
        layer_simple_rnn(units = 32,
                         return_sequences = TRUE,
```

```
                        activation = 'relu') %>%
        layer_simple_rnn(units = 32,
                        return_sequences = TRUE,
                        activation = 'relu') %>%
        layer_simple_rnn(units = 32,
                        return_sequences = TRUE,
                        activation = 'relu') %>%
        layer_simple_rnn(units = 32,
                        activation = 'relu') %>%
        layer_dense(units = 1, activation = "sigmoid")


# Compile model
model %>% compile(optimizer = "rmsprop",
        loss = "binary_crossentropy",
        metrics = c("acc"))


# Fit model
model_five <- model %>% fit(train_x, train_y,
        epochs = 10,
        batch_size = 128,
        validation_split = 0.2)
```

由以上代码可见，这里在将 maxlen 指定为 200 之后运行了该模型。将所有其他内容都保持与 model_four 相同。

训练和验证数据（model_five）的损失和准确率图如图 10.5 所示。

由图 10.5 可以得出以下观察结果：

- 由于训练和验证数据点彼此非常接近，因此不存在过拟合问题。
- 基于测试数据得到的损失和准确率分别为 0.383 和 0.830。
- 损失和准确率在此阶段处于最佳水平。

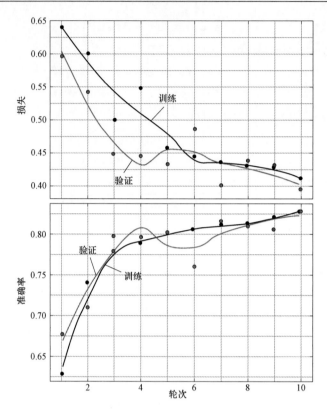

图 10.5　训练和验证数据（model_five）的损失和准确率图

基于测试数据的混淆矩阵如下所示：

```
# Prediction and confusion matrix
pred1 <- model %>%  predict_classes(test_x)
table(Predicted=pred1, Actual=imdb$test$y)
        Actual
Predicted    0     1
      0 10066  1819
      1  2434 10681
```

从混淆矩阵可以得出以下观察结果：

● 与正确分类负面评论（10 066）相比，该分类模型在正确分类正面评论（10 681）时，
性能似乎稍好一些。

● 就分类不正确的评论而言，之前观察到的趋势，即负面评论更多地被模型错误地分类为正面评论，在此情况下仍然存在。

本节对多个单元数、激活函数、网络中循环层数以及填充长度进行了实验，旨在改进电影评论情感分类模型。读者还可以进一步研究其他一些因素，包括使用最频繁的单词的数量，以及在填充序列时更改最大长度。

10.6　本章小结

本章使用 IMDb 电影评论文本数据介绍了循环神经网络模型在文本情感分类中的应用。与常规的密集连接网络相比，循环神经网络更适合处理包含序列的数据。文本数据就是这样的一个例子。

一般来说，深度学习网络涉及许多因素或变量，需要进行大量的实验，包括需要在得出有用的模型之前对这些因素的级别进行更改。本章还开发了五种不同的电影评论情感分类模型。

一种流行的循环神经网络是**长短期记忆**网络。长短期记忆网络能够学习长期依赖关系，并帮助循环神经网络长时间地记住输入。

下一章将介绍一个使用长短期记忆网络的应用示例。该示例将继续使用 IMDb 电影评论数据，并探索情感分类模型性能的进一步改进。

第 11 章　基于长短期记忆网络的文本分类

前一章使用循环神经网络开发了基于以单词序列为特征的文本数据的电影评论情感分类模型。长短期记忆（LSTM）网络是一类特殊的循环神经网络，可用于处理涉及序列的数据，并具有将在下一节讨论的优势。本章介绍使用 LSTM 网络进行情感分类的步骤。应用 LSTM 网络解决业务问题，涉及文本数据准备、创建 LSTM 网络模型、训练模型和评估模型性能等步骤。

具体而言，本章涵盖以下主题：
- 采用 LSTM 网络的原因。
- 为模型构建准备数据。
- 建立 LSTM 网络模型。
- 拟合 LSTM 网络模型。
- 模型性能评价。
- 性能优化提示与最佳实践。

11.1　采用 LSTM 网络的原因

在上一章中已经看到，当处理涉及序列的数据时，循环神经网络提供了良好的性能。使用 LSTM 网络的一个关键优势在于，它们能够解决梯度消失问题，这个问题使网络难以训练长序列的单词或整数。梯度用于更新循环神经网络参数和长序列的单词或整数。这些梯度变得越来越小，以至于不能有效地进行网络训练。LSTM 网络有助于克服这一问题，并能够确定序列中距离太远的关键字或整数之间的长期依赖关系。例如，考虑下面两个句子，其中第一个句子短，而第二个句子相对较长。

句子 1：I like to eat chocolates（我喜欢吃巧克力）。

句子 2：I like，whenever there is a chance and usually there are many of them，to eat chocolates（我喜欢，只要有机会，而且通常有很多机会，吃巧克力）。

在这些句子中，抓住句子主要本质的两个重要单词是 like（喜欢）和 chocolate（巧克力）。在第一句话中，like（喜欢）和 chocolate（巧克力）这两个词彼此更接近，它们之间仅用两个词隔开。而在第二句话中，这两个单词之间有 14 个单词。LSTM 网络就是设计用来处理在较长句子或较长整数序列中观察到的这种长期依赖关系。本章重点介绍如何应用 LSTM 网络开发电影评论情感分类模型。

11.2　为模型构建准备数据

本章仍然使用在上一章中用于循环神经网络的 **IMDb** 电影评论数据。这些数据已经以某种格式准备妥当，可以用来开发深度学习网络模型，只需对数据稍微做一些处理。

代码如下：

```
# IMDB data
library(keras)
imdb <- dataset_imdb(num_words = 500)
c(c(train_x, train_y), c(test_x, test_y)) %<-% imdb
train_x <- pad_sequences(train_x, maxlen = 200)
test_x <- pad_sequences(test_x, maxlen = 200)
```

捕获训练和测试数据的整数序列分别存储在 train_x 和 test_x 中。类似地，train_y 和 test_y 存储用于捕获有关电影评论是正面还是负面信息的标签。已经指定使用最频繁的单词数为 500。关于填充，使用 200 作为训练和测试数据的整数序列的最大长度。

当整数的实际长度小于 200 时，则在序列的开头添加零，人为地将整数长度增加到 200。但是，当整数长度大于 200 时，删除开头的整数，从而使整数的总长度保持在 200。

如前所述，训练和测试数据集都是平衡的，每个数据集包含 25 000 条电影评论。对于每条电影评论，都可以用正面或负面标签来标记。

请注意，maxlen 值的选择会影响模型性能。如果选值太小，序列中更多的单词或整数将被截断。如果选值太大，则序列中更多的单词或整数将需要填充零。避免过多填充或过多截断的一种方法是选择一个更接近中位数的值。

11.3　构建 LSTM 网络模型

本节从一个简单的 LSTM 网络架构着手，计算参数数量。随后，编译该模型。

11.3.1　LSTM 网络架构

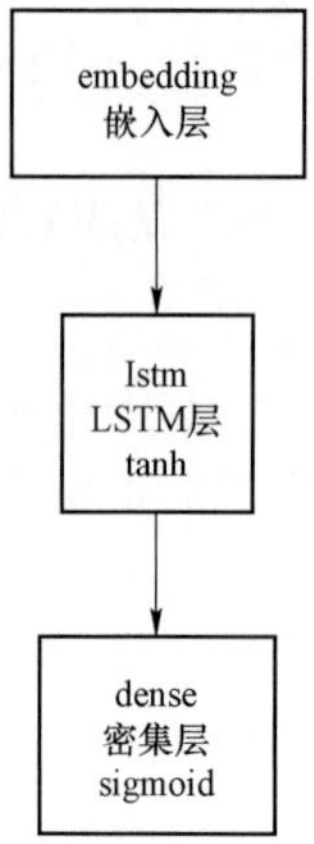

首先给出 LSTM 网络架构的简单流程图，如图 11.1 所示。

LSTM 网络架构的简单流程图突出显示了架构的层及其激活函数。LSTM 层使用了 tanh 激活函数，这是各层的默认激活函数；密集层使用了 sigmoid 激活函数。

现在来看模型的代码和信息汇总：

```
# Model architecture
model <- keras_model_sequential() %>%
        layer_embedding(input_dim = 500,output_dim = 32)%>%
        layer_lstm(units = 32) %>%
        layer_dense(units = 1, activation = "sigmoid")
model
```

图 11.1　LSTM 网络架构的简单流程图

Layer (type)	Output Shape	Param #
embedding (Embedding)	(None, None, 32)	16000
lstm (LSTM)	(None, 32)	8320
dense (Dense)	(None, 1)	33

```
Total params: 24,353
Trainable params: 24,353
Non-trainable params: 0
```

除了在上一章中用于循环神经网络模型的内容外，本例中的 LSTM 网络将 layer_simple_RNN 替换为 layer_lstm。嵌入层总共有 16 000（500×32）个参数。LSTM 层的参数总数可用下式来计算：

$$LSTM\ 层的参数总数 = 4 \times [LSTM\ 层的单元数 \times (LSTM\ 层的单元数 + 输出维度) + LSTM\ 层的单元数]$$

$$= 4 \times [32 \times (32 + 32) + 32]$$

$$= 8320$$

涉及循环神经网络层的类似架构有 2080 个参数。LSTM 层的参数数量增加了 4 倍，这也

将导致花费更多的训练时间，因此需要相对较高的处理成本。密集层的参数数量为
$[(32 \times 1) + 1]$，共计 33 个。因此，该网络总共有 24 353 个参数。

11.3.2　LSTM 网络模型的编译

为了编译 LSTM 网络模型，可以使用以下代码：

```
# Compile
model %>% compile(optimizer = "rmsprop",
        loss = "binary_crossentropy",
        metrics = c("acc"))
```

这里使用 rmsprop 作为优化器，使用 binary_crossentropy 作为损失函数，因为电影评论有
一个二元响应，换句话说，它们要么是正面的，要么是负面的。度量指标采用分类准确率。
编译模型后，将进入下一步，即拟合 LSTM 网络模型。

11.4　LSTM 网络模型的拟合

11.4.1　拟合代码

为了训练 LSTM 网络模型，可以使用以下代码：

```
# Fit model
model_one <- model %>% fit(train_x, train_y,
        epochs = 10,
        batch_size = 128,
        validation_split = 0.2)
plot(model_one)
```

这里用训练数据拟合具有 10 个轮次的 LSTM 网络模型，批量大小为 128。还将保留 20%
的训练数据作为验证数据，用于评估模型训练期间的损失和准确率。

11.4.2　损失与准确率

图 11.2 所示为 LSTM 网络模型（model_one）的损失与准确率图。

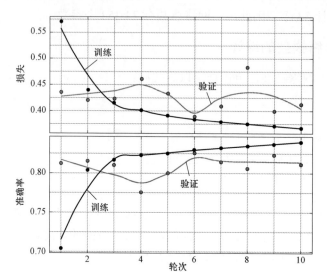

图 11.2   LSTM 网络模型（model_one）的损失与准确率图

基于训练和验证数据的损失和准确率图显示了两曲线之间的总体接近度。由图 11.2 可以观察到以下结果：

● 两条线之间没有重大发散，表明没有过拟合问题。

● 轮次数的增加可能不会显著改善模型性能。

● 但是，基于验证数据的损失和准确率显示出一定程度的不均匀性或波动，它们与训练数据的损失和准确率的偏差相对较大。

● 在这方面，第 4 和第 8 个轮次尤其突出，显示出与基于训练数据的损失和准确率的显著偏差。

接下来将评估 model_one，并将其用于预测电影评论情感。

11.5   模型性能评价

本节将基于训练和测试数据评价模型，还将为训练和测试数据创建混淆矩阵，以进一步了解模型的电影评论情感分类性能。

11.5.1   基于训练数据的模型评价

首先使用以下代码，基于训练数据评价模型性能：

```
# Evaluate
model %>% evaluate(train_x, train_y)
$loss
 [1] 0.3749587
$acc
 [1] 0.82752
```

由输出结果可见，对于训练数据，得到的损失值为 0.375，准确率约为 0.828。考虑到是相对简单的 LSTM 架构，所以这是一个不错的性能。接下来，利用该模型对电影评论情感进行预测，通过使用以下代码开发混淆矩阵对结果进行汇总。

```
# Confusion Matrix
pred <- model %>% predict_classes(train_x)
table(Predicted=pred, Actual=imdb$train$y)
         Actual
 Predicted    0     1
         0  9258  1070
         1  3242 11430
```

可以从混淆矩阵得出以下观察结果：

● 与负面电影评论（9258 个正确预测）相比，该模型在预测正面电影评论（11 430 个正确预测）方面似乎更准确。换句话说，该模型以约 91.4（也称模型的敏感性）的准确率对训练数据的正面评价进行了正确分类。

● 类似地，该模型以 74.1%（也称模型特异性）的准确率对训练数据的负面评论进行了正确分类。

● 负面电影评论被错误分类为正面电影评论的比率（3242 条评论）是正面电影评论被错误分类为负面电影评论的比率（1070 条评论）的三倍。

● 因此，尽管总体而言，该模型在训练数据方面表现良好，但从更深层次看，可以观察到对正确分类正面电影评论方面存在一些偏见，其代价是正确分类负面电影评论的准确率较低。

令人感兴趣的是，基于训练数据所观察到的模型性能是否在测试数据上也有类似行为。

11.5.2　基于测试数据的模型评价

现在使用测试数据获取模型的损失和准确率，代码如下：

```
# Evaluate
model %>% evaluate(test_x, test_y)
$loss
 [1] 0.3997277
$acc
 [1] 0.81992
```

由输出结果可见，对于测试数据，得到的损失为 0.399，准确率约为 0.819。正如之前所预期的，这些值略低于针对训练数据获得的值。但是，它们如此接近于基于训练数据的结果，可以认为该模型的行为是一致的。

使用测试数据获得混淆矩阵的代码如下：

```
# Confusion Matrix
pred1 <- model %>$ predict_classes(text_x)
table(Predicted=pred1, Actual=imdb$test$y)
         Actual
 Predicted     0      1
        0   9159   1161
        1   3341  11339
```

由混淆矩阵可以得出以下观察结果：
- 基于使用测试数据预测的混淆矩阵显示了之前观察到的训练数据的类似模式。
- 与正确分类负面电影评论(约73.3%)相比，该模型在准确分类正面电影评论(约90.7%)时表现更好。
- 因此，当正确地分类正面电影评论时，该模型在性能上依旧存在偏向。

下一节将进行一些实验，以探索该模型的电影评论情感分类性能的可能改进。

11.6　性能优化提示与最佳实践

本节将进行三个不同的实验，以寻找一个改进的基于 LSTM 网络的电影评论情感分类模型。这将涉及在编译模型时尝试不同的优化器、在开发模型架构时添加另一个 LSTM 层，以及在网络中使用双向 LSTM 层。

11.6.1　利用 adam 优化器的实验

本实验使用 adam 优化器，而不是之前编译模型时使用的 rmsprop 优化器。为了更容易地比较模型性能，其他一切保持与之前的相同，代码如下：

```
# Model architecture
model <- keras_model_sequential() %>%
        layer_embedding(input_dim = 500, output_dim = 32) %>%
        layer_lstm(units = 32) %>%
        layer_dense(units = 1, activation = "sigmoid")


# Compile
model %>% compile(optimizer = "adam",
        loss = "binary_crossentropy",
        metrics = c("acc"))


# Fit model
model_two <- model %>% fit(train_x, train_y,
        epochs = 10,
        batch_size = 128,
        validation_split = 0.2)
plot(model_two)
```

运行以上代码并训练模型后，每个轮次的准确率和损失存储在 model_two 中。LSTM 网络模型（model_two）损失和准确率图如图 11.3 所示。

由图 11.3 可以得出以下观察结果：

● 基于训练和验证数据的损失和准确率图显示，与使用 model_one 构建的第一个模型的图相比，情况略有改善。

● 在基于 model_one 的损失与准确率图中，可以观察到验证数据的损失和准确率偶尔显示出与基于训练数据的值的重大偏差。而在图 11.3 中，看不到两条线之间有那么大的偏差。

● 此外，基于验证数据最后几个值的损失和准确率似乎没有变化，这表明 10 个轮次足以训练模型，并且增加轮次也不太可能有助于提高模型性能。

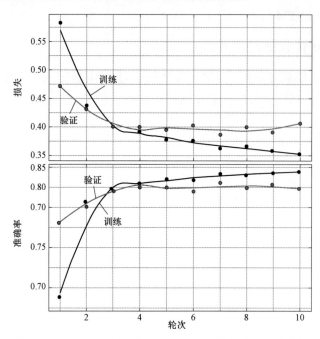

图 11.3　LSTM 网络模型（model_two）的损失与准确率图

接下来将使用以下代码获得训练数据的损失、准确率和混淆矩阵：

```
# Loss and accuracy
model %>% evaluate(train_x, train_y)
$loss
[1] 0.3601628
$acc
[1] 0.8434


pred <- model %>%  predict_classes(train_x)


# Confusion Matrix
table(Predicted=pred, Actual=imdb$train$y)
        Actual
```

```
Predicted      0      1
          0  11122  2537
          1   1378  9963
```

由以上代码及输出可以得出以下观察结果:

● 通过使用 adam 优化器,得到的训练数据的损失和准确率分别为 0.360 和 0.843。这两个数字都表明,与使用 rmsprop 优化器的早期模型相比,性能有了改进。

● 从混淆矩阵可以观察到另一个差异。即该模型在正确分类负面电影评论(比率约为88.9%)时比正确分类正面电影评论(比率约为 79.7%)时表现更好。

● 这种行为与先前模型观察到的相反。即与正确分类正面电影评论情感相比,该模型似乎偏向于正确分类负面电影评论情感。

在使用训练数据评估了模型的性能后,现在将使用测试数据重复该过程,并使用以下代码获取损失、准确率和混淆矩阵:

```
# Loss and accuracy
model %>% evaluate(test_x, test_y)
$loss
[1] 0.3854687
$acc
[1] 0.82868


pred1 <- model %>%  predict_classes(test_x)


# Confusion Matrix
table(Predicted=pred1, Actual=imdb$test$y)
        Actual
Predicted      0      1
          0  10870  2653
          1   1630  9847
```

由以上代码及输出可以得出以下观察结果:

● 基于测试数据的损失和准确率分别为0.385和0.829。基于测试数据的这些结果也表明,与使用测试数据的前一个模型相比,模型性能更好。

- 混淆矩阵显示了在训练数据中观察到的类似模式。对于测试数据，负面电影评论情感的正确分类率约为 86.9%。
- 类似地，对于测试数据，该模型对正面电影评论情感的正确分类率约为 78.8%。
- 此行为与使用训练数据获得的模型性能一致。

尽管尝试 adam 优化器可以提高电影评论情感分类的整体性能，但与其他类别相比，它在正确分类一个类别时仍会存在偏差。一个好的模型不仅应该提高整体性能，还应该在正确分类类别时最大限度地减少任何偏差。以下代码提供了一个表格，其显示了 train 和 test 数据中负面和正面评论的数量：

```
# Number of positive and negative reviews in the train data
table(train_y)
train_y
    0     1
12500 12500


# Number of positive and negative review in the test data
table(test_y)
test_y
    0     1
12500 12500
```

从以上代码及输出可以看出，该电影评论数据是平衡的，其中训练数据和测试数据各有 25 000 条评论。这一数据在正面或负面评论的数量方面也是平衡的。训练和测试数据集分别有 12 500 条正面电影评论和 12 500 条负面电影评论。因此，提供给模型训练的负面或正面评论在数量上并不存在偏差。但是，在正确分类负面和正面电影评论时所看到的偏差肯定是需要改进的。

下一个实验将使用更多的 LSTM 层，以探查是否可以获得更好的电影评论情感分类模型。

11.6.2　带附加层的 LSTM 网络的实验

在第二个实验中，为了提高分类模型的性能，将添加一个额外的 LSTM 层。代码如下：

```
# Model architecture
model <- keras_model_sequential() %>%
        layer_embedding(input_dim = 500, output_dim = 32) %>%
        layer_lstm(units = 32,
                   return_sequences = TRUE) %>%
        layer_lstm(units = 32) %>%
        layer_dense(units = 1, activation = "sigmoid")


# Compiling model
model %>% compile(optimizer = "adam",
        loss = "binary_crossentropy",
        metrics = c("acc"))


# Fitting model
model_three <- model %>% fit(train_x, train_y,
        epochs = 10,
        batch_size = 128,
        validation_split = 0.2)


# Loss and accuracy plot
plot(model_three)
```

通过给网络添加一个额外的 LSTM 层，如前面代码所示，两个 LSTM 层的参数总数现在增加到 32 673，而之前只有一个 LSTM 层的参数总数为 24 353。训练网络时，参数数量的增加也将导致训练时间的增加。编译模型时，仍然保留使用 adam 优化器。其他一切保持与在以前的模型中使用的相同。

本实验使用的具有两个 LSTM 层的网络架构的简单流程图如图 11.4 所示。

图 11.4 突出展示了架构里的两个 LSTM 层及其激活函数。在两个 LSTM 层中，tanh 被用作默认激活函数。在密集层中，继续使用之前用过的 sigmoid 激活函数。

训练模型后，每个轮次的损失和准确率存储在 model_three 中。LSTM 网络模型（model_three）的损失和准确率图如图 11.5 所示。

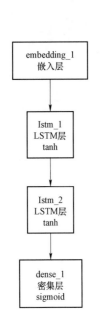

图 11.4　具有两个 LSTM 层的
网络架构的简单流程图

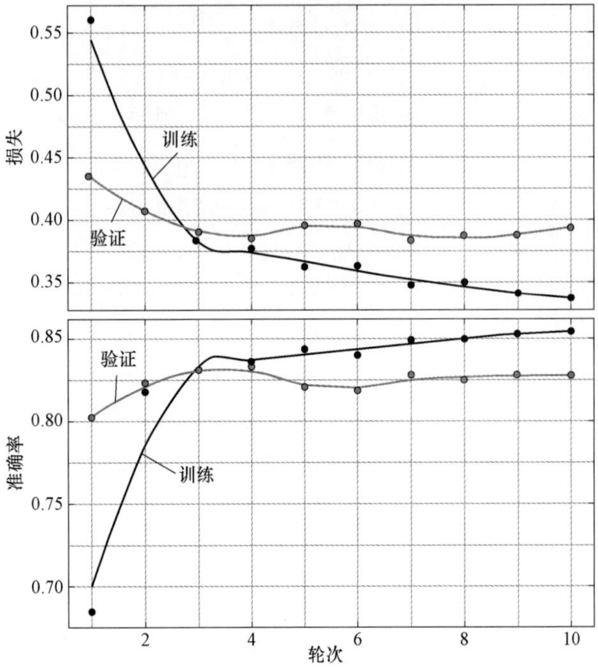

图 11.5　LSTM 网络模型（model_three）的损失与准确率图

由图 11.5 可以得出以下观察结果：

● 损失和准确率图表明并不存在过拟合问题，因为训练和验证数据的曲线彼此接近。

● 与之前的模型一样，验证数据的损失和准确率在最后几个轮次内似乎保持不变，这表明 10 个轮次足以训练模型，增加轮次数不太可能改善结果。

现在可以使用以下代码获得训练数据的损失、准确率和混淆矩阵：

```
# Loss and accuracy
model %>% evaluate(train_x, train_y)
$loss
[1] 0.3396379
$acc
[1] 0.85504

pred <- model %>%  predict_classes(train_x)
```

```
# Confusion Matrix
table(Predicted=pred, Actual=imdb$train$y)
         Actual
Predicted     0      1
        0 11245   2369
        1  1255  10131
```

由以上代码及输出可以得出以下观察结果：

● 基于训练数据的损失和准确率分别为 0.339 和 0.855。与前两种模型相比，损失和准确率都有所改善。

● 可以使用该模型对训练数据中的每条评论进行预测，并将其与实际标签进行比较，然后以混淆矩阵的形式总结结果。

● 混淆矩阵显示，对于训练数据，该模型正确分类负面电影评论的比率为 90%，正确分类正面电影评论的比率为 81%。

● 因此，尽管模型性能总体上有了改善，但在正确地分类某一类别时，相比另一个类别，仍会观察到偏差。

在使用训练数据检查模型的性能之后，现在将使用测试数据重复该过程。以下是获取损失、准确率和混淆矩阵的代码：

```
# Loss and accuracy
model %>% evaluate(test_x, test_y)
$loss
[1] 0.3761043
$acc
[1] 0.83664

pred1 <- model %>%  predict_classes(test_x)

# Confusion Matrix
table(Predicted=pred1, Actual=imdb$test$y)
         Actual
Predicted     0      1
        0 10916   2500
        1  1584  10000
```

由以上代码及输出可以得出以下观察结果：

● 对于测试数据，损失和准确率分别为 0.376 和 0.837。与前两种模型相比，两个结果都显示了更好的分类性能。

● 混淆矩阵显示，负面电影评论的正确分类率约为 87.3%，正面电影评论的正确分类率约为 80%。

● 因此，这些结果与使用训练数据时获得的结果一致，并且显示出与从训练数据观察到的类似的偏差。

总之，通过添加额外的 LSTM 层，能够提高模型的电影评论情感分类性能。但是，仍然可以观察到，相比另一个类别，存在正确分类某一类的偏差。因此，尽管在改进模型分类性能方面取得了一定的成功，但仍有进一步改进的空间。

11.6.3　双向 LSTM 层的实验

顾名思义，双向 LSTM 不仅使用作为输入的整数序列，而且将其相反顺序作为附加输入。在某些情况下，这种方法可能有助于通过捕获原始 LSTM 网络可能未捕获的数据中的有用模式来进一步提高模型分类性能。

本实验修改了第一个实验的 LSTM 层，代码如下：

```
# Model architecture
model <- keras_model_sequential() %>%
        layer_embedding(input_dim = 500, output_dim = 32) %>%
        bidirectional(layer_lstm(units = 32)) %>%
        layer_dense(units = 1, activation = "sigmoid")
# Model summary
summary(model)
Model
```

Layer (type)	Output Shape	Param #
embedding_8 (Embedding)	(None, None, 32)	16000
bidirectional_5 (Bidirect)	(None, 64)	16640
dense_11 (Dense)	(None, 1)	65

```
Total params: 32,705
```

```
Trainable params: 32,705
Non-trainable params: 0
```

由以上代码输出可以得出以下观察结果：

● 使用 bidirectional( )函数将 LSTM 层转换为双向 LSTM 层。

● 从模型信息汇总可以看出，此更改使 LSTM 层相关的参数数量增加了一倍，达到 16 640 个。

● 该架构参数总数现在增加到 32 705。参数数量的增加将进一步降低网络的训练速度。

具有双向 LSTM 层的网络架构的简单流程图如图 11.6 所示。

图 11.6 展示了具有双向 LSTM 层的网络架构的嵌入层、双向层和密集层。双向 LSTM 层以 tanh 作为激活函数，密集层使用 sigmoid 激活函数。模型编译和训练的代码如下：

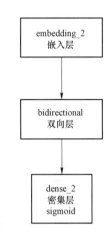

图 11.6　具有双向 LSTM 层的网络架构的简单流程图

```
# Compiling model
model %>% compile(optimizer = "adam",
        loss = "binary_crossentropy",
        metrics = c("acc"))


# Fitting model
 model_four <- model %>% fit(train_x, train_y,
        epochs = 10,
        batch_size = 128,
        validation_split = 0.2)


# Loss and accuracy plot
plot(model_four)
```

由以上代码中可见，继续使用 adam 优化器，并保持其他设置与前面相同，进行模型编译以及拟合。

模型训练完成后，每个轮次的损失和准确率存储在 model_four 中。LSTM 网络模型（model_four）的损失和准确率如图 11.7 所示。

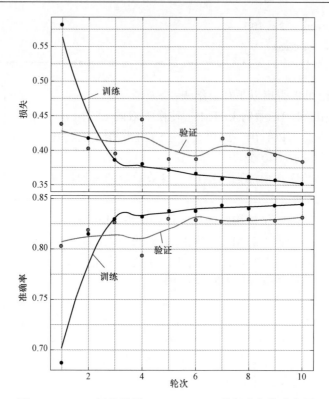

图 11.7　LSTM 网络模型（model_four）的损失与准确率图

由图 11.7 可以得出以下观察结果：

● 由于描述训练和验证数据的线彼此非常接近，因此损失和准确率图没有显示任何可能引发过拟合的担忧因素。

● 图 11.7 还显示，没必要训练这个模型超过 10 个轮次。

可以使用以下代码获得训练数据的损失、准确率和混淆矩阵：

```
# Loss and accuracy
model %>% evaluate(train_x, train_y)
$loss
[1] 0.3410529
$acc
[1] 0.85232


pred <- model %>%  predict_classes(train_x)
```

```
# Confusion Matrix
table(Predicted=pred, Actual=imdb$train$y)
        Actual
Predicted     0      1
        0 10597   1789
        1  1903  10711
```

由以上代码输出可以得出以下观察结果：

● 对于训练数据，得到的损失和准确率分别为 0.341 和 0.852。这些结果略低于先前的结果，没有显著差异。

● 这次的混淆矩阵显示了一种更为均匀的性能，可以正确地分类正面和负面电影评论。

● 对于负面电影评论，正确分类率约为 84.8%；而对于正面电影评论，正确分类率则约为 85.7%。

● 大约 1%的差异比在之前模型中观察到的要小得多。

现在将使用测试数据重复上述过程。以下是获取损失、准确率和混淆矩阵的代码：

```
# Loss and accuracy
model %>% evaluate(test_x, test_y)
$loss
[1] 0.3737377
$acc
[1] 0.83448


pred1 <- model %>%  predict_classes(test_x)


# Confusion Matrix
table(Predicted=pred1, Actual=imdb$test$y)
        Actual
Predicted     0      1
        0 10344   1982
        1  2156  10518
```

由以上代码输出可以得出以下观察结果：

● 对于测试数据，损失和准确率分别为 0.374 和 0.834。

● 混淆矩阵显示，该模型对负面电影评论的正确分类率约为 82.8%。
● 该模型对正面电影评论的正确分类率约为 84.1%。
● 这些结果与基于训练数据获得的结果一致。

在损失和准确率方面，双向 LSTM 的实验获得了与先前两个 LSTM 层架构相当的性能。但是，观察的主要收获是，能够以更好的一致性正确地对负面或正面电影评论进行分类。

本章使用 LSTM 网络开发电影评论情感分类模型。当数据涉及序列时，LSTM 网络有助于捕获单词或整数序列中的长期相关性。通过对模型进行一些更改，对四种不同的 LSTM 模型进行了实验，表 11.1 总结了四种 LSTM 网络模型的对比。

表 11.1　　　　　　　　　　　　　四种 LSTM 网络模型的对比

模型	LSTM 层	优化器	数据	损失	准确率	负面评论的准确率或特异性	正面评论的准确率或敏感性
一	1	rmsprop	训练	0.375	82.8%	74.1%	91.4%
			测试	0.399	81.9%	73.3%	90.7%
二	1	adam	训练	0.360	84.3%	88.9%	79.7%
			测试	0.385	82.9%	86.9%	78.8%
三	2	adam	训练	0.339	85.5%	90.0%	81.0%
			测试	0.376	83.7%	87.3%	80.0%
四	双向	adam	训练	0.341	85.2%	84.8%	85.7%
			测试	0.374	83.4%	82.8%	84.1%

由表 11.1 可以得出以下观察结果：

● 在尝试的四种模型中，与其他三种模型相比，双向 LSTM 模型提供了更好的性能，其测试数据的损失最低。

● 虽然第四个模型的总体准确率略低于第三个模型，但正确分类负面和正面评论的准确率要一致得多，从 82.8% 到 84.1%，或者说只偏离大约 1.3%。

● 第三个模型似乎偏向于负面评论，即测试数据中负面评论的正确分类为 87.3%。对于第三个模型，测试数据中正面评论的正确分类仅为 80%。因此，第三种模型的负面评论和正面评论的正确分类之间的差异超过 7%。

● 前两种模型的敏感性和特异性之间的差异更大。

虽然第四个模型提供了很好的结果，但通过进一步试验其他变量，肯定可以探索出更多的改进。可用于进一步实验的变量可能包括使用最频繁的单词数、填充和/或截断的前后比较、填充的最大长度、LSTM 层的单元数，以及编译模型时选择另一个优化器。

11.7　本章小结

　　本章介绍了如何使用 LSTM 网络开发电影评论情感分类模型。前一章使用的循环神经网络面临的一个问题是，它很难捕获一系列单词或整数序列中两个单词/整数之间可能存在的长期依赖关系。LSTM 网络旨在人为地保留长时间记忆，这些记忆在处理长句或长整数序列时非常重要。

　　下一章将继续使用文本数据，并探索**卷积循环神经网络**的使用，它将卷积神经网络和循环神经网络的优点结合到一个网络中。下一章将借助一个有趣的、公开的文本数据集 reuter_50_50 来说明这种网络的使用。

第 12 章　基于卷积循环神经网络的文本分类

一方面，**卷积神经网络**在从数据中获取高层局部特征方面非常有用。另一方面，**循环神经网络**，如长短期记忆网络等，被发现可以捕获文本等涉及序列的数据中的长期依赖性。当在同一个模型架构中使用卷积神经网络和循环神经网络时，就会得到所谓的**卷积循环神经网络**。

本章介绍如何结合卷积神经网络和循环神经网络的优点，将卷积循环神经网络应用于文本分类问题。该过程涉及的步骤包括文本数据准备、卷积循环网络模型定义、模型训练和模型评估。

具体而言，本章涵盖以下主题：

- 处理 reuter_50_50 数据集。
- 为模型构建准备数据。
- 模型架构开发。
- 模型的编译与拟合。
- 模型评价和预测。
- 性能优化提示与最佳实践。

12.1　处理 reuter_50_50 数据集

前几章在处理文本数据时，使用已经转换为整数序列的数据来开发深度学习网络模型。本章将使用需要转换为整数序列的文本数据。首先读取用于说明如何开发文本分类深度学习网络模型的数据。然后探索将使用的数据集，以便更好地了解它。

本章将使用 keras、deepviz 和 readtext 库，代码如下：

```
# Libraries used
library(keras)
library(deepviz)
library(readtext)
```

为了说明开发卷积循环网络模型相关的步骤，将使用 reuter_50_50 文本数据集，该数据集可从 UCI 机器学习库获得：https：//archive.ics.uci.edu/ml/datasets/Reuter_50_50#。

该数据集包含两个文件夹中的文本文件：一个文件夹存储训练数据文件，另一个文件夹存储测试数据文件。

- 包含训练数据的文件夹有 2500 个文本文件，每个文件包含来自 50 位作者各自的 50 篇文章。
- 同样地，包含测试数据的文件夹也有 2500 个文本文件，每个文件包含来自相同的 50 位作者各自的 50 篇文章。

12.1.1　读取训练数据

可以通过前面提供的 UCI 机器学习库链接进入 Data 文件夹，访问 reuter_50_50 数据集。从这里可以下载 C50.zip 文件夹。解压时，它包含一个 C50 文件夹，其中有 C50train 和 C50test 文件夹。首先，使用以下代码从 C50train 文件夹读取文本文件：

```
# Reading Reuters train data
setwd("~/Desktop/C50/C50train")
temp = list.files(pattern="*.*")
k <- 1; tr <- list(); trainx <- list(); trainy <- list()
for (i in 1:length(temp)) {for (j in 1:50)
        { trainy[k] <- temp[i]
        k <- k+1}
author <- temp[i]
files <- paste0("~/Desktop/C50/C50train/", author, "/*")
tr <- readtext(files)
trainx <- rbind(trainx, tr)}
trainx <- trainx$text
```

借助以上代码，可以将 C50train 文件夹中 2500 篇文章的数据读取到 trainx 中，并将作者姓名等信息保存到 trainy 中。首先使用 setwd 函数将工作目录设置为 C50train 文件夹。C50train 文件夹包含 50 个以 50 位作者命名的文件夹，每个文件夹包含 50 篇由相应作者撰写的文章。分派 1 到 k 的值，并将 tr、trainx 和 trainy 初始化为列表。然后，创建一个循环，以便将作者的姓名存储于 trainy，其中包含每篇文章的作者姓名，以及作者撰写的相应文章。请注意，在读取这 2500 个文本文件的数据后，trainx 还包含有关文件名的信息。利用最后一行代码，只保留 2500 个文本的数据，并删除不需要的文件名信息。

现在，使用以下代码查看来自训练数据的文本文件 901 的内容：

```
# Text file 901
trainx[901]
[1] "Drug discovery specialist Chiroscience Group plc said on Monday it is
testing two anti-cancer compounds before deciding which will go forward into
human trials before the end of the year.\nBoth are MMP inhibitors, the same
novel class of drug as British Biotech Plc's potential blockbuster Marimastat,
which are believed to stop cancer cells from spreading.\nIn an interview, chief
executive John Padfield said Chiroscience hoped to have its own competitor to
Marimastat in early trials next year and Phase III trials in 1998."

# Author
trainy[901]
[[1]]
[1] "JonathanBirt"
```

根据以上代码及输出，可以得出以下观察结果：
- trainx 中的测试文件 901 包含有关 Chiroscience 集团药物试验的某些新闻。
- 这篇短文的作者是乔纳森·伯特（Jonathan Birt）

读取了训练数据的文本文件和作者姓名后，可以对测试数据重复此过程。

12.1.2　读取测试数据

现在，从位于 C50 文件夹中的 C50test 文件夹读取文本文件。将使用以下代码执行此操作：

```
# Reuters test data
setwd("~/Desktop/C50/C50test")
temp = list.files(pattern="*.*")
k <- 1; tr <- list(); testx <- list(); testy <- list()
for (i in 1:length(temp)) {for (j in 1:50)
        { testy[k] <- temp[i]
        k <- k+1}
```

```
        author <- temp[i]
        files <- paste0("~/Desktop/C50/C50test/", author, "/*")
        tr <- readtext(files)
        testx <- rbind(testx, tr)}
testx <- testx$text
```

从这里可以看到，以上代码中的唯一变化是，基于 C50test 文件夹中的测试数据创建了 testx 和 testy。这里将 C50test 文件夹中的 2500 篇文章读取到 testx 中，并将作者姓名等信息保存到 testy。同样地，使用最后一行代码从测试数据中仅保留 2500 个文本的数据，并删除文件名信息，这在分析中是不需要的。

现在已经创建了训练和测试数据，下一节将进行数据预处理，以便开发一个作者分类模型。

12.2　为模型构建准备数据

本节将准备一些数据，以便开发作者分类模型。首先，使用标记将文章形式的文本数据转换为整数序列。其次，进行更改，以使对每位作者都能通过唯一的整数来识别。再次，使用填充和截断来确保代表 50 位作者文章的整数序列具有相同长度。最后，将训练数据划分为训练和验证数据集，并对响应变量进行一次独热编码。

12.2.1　词性标注与文本–整数序列转换

首先进行词性标注，然后将文本形式的文章转换为整数序列。为此，可以使用以下代码：

```
# Tokenization
token <- text_tokenizer(num_words = 500) %>%
        fit_text_tokenizer(trainx)

# Text to sequence of integers
trainx <- texts_to_sequences(token, trainx)
testx <- texts_to_sequences(token, testx)

# Examples
trainx[[7]]
```

```
[1]    98    4   41    5    4    2    4  425    5   20    4    9    4  195    5  157    1   18
[19]   87    3   90    3   59    1  169  346    2   29   52  425    6   72  386  110  331   24
[37]    5    4    3   31    3   22    7   65   33  169  329   10  105    1  239   11    4   31
[55]   11  422    8   60  163  318   10   58  102    2  137  329  277   98   58  287   20   81
[73]    3  142    9    6   87    3   49   20  142    2  142    6    2   60   13    1  470    8
[91]  137  190   60    1   85  152    5    6  211    1    3    1   85   11    2  211  233   51
[109] 233  490    7  155    3  305    6    4   86    3   70    4    3  157   52  142    6  282
[127] 233    4  286   11  485   47   11    9    1  386  497    2   72    7   33    6    3    1
[145]  60    3  234   23   32   72  485    7  203    6   29  390    5    3   19   13   55  184
[163]  53   10    1   41   19  485  119   18    6   59    1  169    1   41   10   17  458   91
[181]   6   23   12    1    3    3   10  491    2   14    1    1  194  469  491    2    1    4
[199] 331  112  485  475   16    1  469    1  331   14    2  485  234    5  171  296    1   85
[217]  11  135  157    2  189    1   31   24    4    5  318  490  338    6  147  194   24  347
[235] 386   23   24   32  117  286  161    6  338   25    4   32    2    9    1   38    8  316
[253]  60  153   37  234  496  457  153   20  316    2  254  219  145  117   25   46   27    7
[271] 228   34  184   75   11  418   52  296    1  194  469  180  469    6    1  268    6  250
[289] 469   29   90    6   15   58  175   32   33  229   37  424   36   51   36    3  169   15
[307]   1    7  175    1  319  207    5    4
```

```
trainx[[901]]
[1]   74  356    7    9  199   12   11   61  145   31   22  399   79  145    1  133    3    1   28  203
[21]  29    1  319    3   18  101  470   31   29    2   20    5   33  369  116  134    7    2   25   17
[41] 303    2    5  222  100   28    6    5
```

由以上代码及输出，可以观察到以下情况：

● 对于词性标注，将 num_words 指定为 500，这表示将使用训练数据文本中使用最频繁的 500 个单词。

● 请注意，使用 fit_text_tokenizer 可以自动将文本转换为小写，并删除包含文本数据的文章中可以看到的任何标点符号。将文本转换为小写有助于避免单词重复，其中一个可能包含小写字母字符，另一个可能包含大写字母字符。标点符号要被删除，因为在开发以文本作为输入的作者分类模型时，标点符号没什么价值。

● 使用 texts_to_sequences 将文本中使用最频繁的单词转换为整数序列。这样做的目的是转换非结构化数据，使其具有深度学习模型所需的结构化格式。

- 文本文件 7 的输出显示了总共有 314 个介于 1 和 497 之间的整数。
- 查看文本文件 901 的输出（与前面介绍的训练数据中的示例相同），可以看到它包含 48 个介于 1 和 470 之间的整数。原始文本包含 80 多个单词，那些不属于 500 个最常见单词的单词不出现在该整数序列中。
- 前五个整数，即 74、356、7、9 和 199，分别对应于单词 group、plc、said、on 和 monday。文本开头没有转换成整数的其他单词，不属于文章中最常见的前 500 个单词。

现在来看训练和测试数据中每篇文章的整数数量。可以使用以下代码执行此操作：

```
# Integers per article for train data
z <- NULL
for (i in 1:2500) {z[i] <- print(length(trainx[[i]]))}
summary(z)
   Min. 1st Qu.  Median    Mean 3rd Qu.    Max.
   31.0   271.0   326.0   326.8   380.0   918.0


# Intergers per article for text data
z <- NULL
for (i in 1:2500) {z[i] <- print(length(testx[[i]]))}
summary(z)
   Min. 1st Qu.  Median    Mean 3rd Qu.    Max.
   39.0   271.0   331.0   329.1   384.0  1001.0
```

根据以上汇总信息可以得出以下结论：
- 训练数据中每篇文章的整数数量范围为 31～918，中位数约为 326。
- 同样地，对于测试数据，每篇文章的整数数量范围为 39～1001，中位数约为 331。
- 如果使用最频繁单词的数量从 500 调到更高的值，那么单词的中位数也会增大。这可能需要对模型架构和参数值进行适当的更改。例如，每篇文章的单词数增加可能需要深度网络有更多的神经元。

训练数据的每个文本文件的整数数量直方图如图 12.1 所示。

图 12.1 呈现了整体模式，平均值和中位数均约为 326。图 12.1 的尾部在更高值方向稍长，使其呈现中度右偏或正面评价偏向模式。

现在已经将文本数据转换为整数序列，下面准备将训练的标签和文本数据也转换为整数。

12.2.2 标签改为整数

在为分类问题开发深度学习网络时，总要用到整数形式的响应或标签。训练和测试文本数据的作者姓名分别存储在 trainy 和 testy 中。trainy 和 testy 都是包含 50 位作者姓名的 2500 项列表。要将标签更改为整数，可以使用以下代码：

```
# Train and test labels to integers
trainy <- as.factor(unlist(trainy))
trainy <- as.integer(trainy) -1
testy <- as.factor(unlist(testy))
testy <- as.integer(testy) -1
```

```
# Saving original labels
trainy_org <- trainy
testy_org <- testy
```

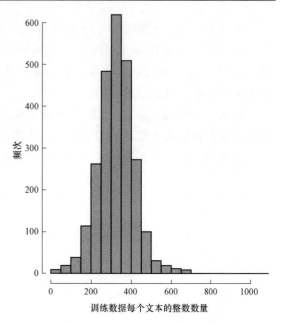

图 12.1　训练数据的每个文本文件的整数数量直方图

由此可见，要将包含作者姓名的标签转换为整数，需要取消它们的列表形式，然后使用 0 到 49 之间的整数来表示 50 位作者。还可以使用 trainy_org 和 testy_org 来保存这些原始整数标签，以供以后使用。

接下来将执行填充和截断，以使整数序列的数据对于每一篇文章具有相等的长度。

12.2.3 序列的填充与截断

1. 填充与截断

在开发作者分类模型时，每个训练和测试文本数据的整数数量必须相等。可以通过填充和截断整数序列来实现这一点，代码如下：

```
# Padding and truncation
trainx <- pad_sequences(trainx, maxlen = 300)
testx <- pad_sequences(testx, maxlen = 300)
dim(trainx)
[1] 2500  300
```

　　这里指定所有序列的最大长度即 maxlen 为 300。这将截断一篇文章中大于 300 个整数的任何序列，并向一篇文章中小于 300 个整数的序列添加零。请注意，对于填充和截断，这里使用了默认设置"pre"，代码中不做明确指定。

　　这意味着对于截断和填充，整数序列开头的整数会受到影响。如果要对整数序列的末尾进行填充和/或截断，可以在代码中使用 padding = "post"和/或 truncation = "post"。还可以看到，trainx 的维数显示为 2500 × 300 的矩阵。

　　下面来看训练数据中文本文件 7 和 901 的输出：

```
# Example of truncation

trainx[7,]
  [1]    5  157    1   18   87    3   90    3   59    1  169  346    2   29   52  425
 [17]    6   72  386  110  331   24    5    4    3   31    3   22    7   65   33  169
 [33]  329   10  105    1  239   11    4   31   11  422    8   60  163  318   10   58
 [49]  102    2  137  329  277   98   58  287   20   81    3  142    9    6   87    3
 [65]   49   20  142    2  142    6    2   60   13    1  470    8  137  190   60    1
 [81]   85  152    5    6  211    1    3    1   85   11    2  211  233   51  233  490
 [97]    7  155    3  305    6    4   86    3   70    4    3  157   52  142    6  282
[113]  233    4  286   11  485   47   11    9    1  386  497    2   72    7   33    6
[129]    3    1   60    3  234   23   32   72  485    7  203    6   29  390    5    3
[145]   19   13   55  184   53   10    1   41   19  485  119   18    6   59    1  169
[161]    1   41   10   17  458   91    6   23   12    1    3    3   10  491    2   14
[177]    1    1  194  469  491    2    1    4  331  112  485  475   16    1  469    1
[193]  331   14    2  485  234    5  171  296    1   85   11  135  157    2  189    1
[209]   31   24    4    5  318  490  338    6  147  194   24  347  386   23   24   32
[225]  117  286  161    6  338   25    4   32    2    9    1   38    8  316   60  153
[241]   27  234  496  457  153   20  316    2  254  219  145  117   25   46   27    7
[257]  228   34  184   75   11  418   52  296    1  194  469  180  469    6    1  268
[273]    6  250  469   29   90    6   15   58  175   32   33  229   37  424   36   51
[289]   36    3  169   15    1    7  175    1  319  207    5    4


# Example of padding

trainx[901,]
```

```
  [1]   0   0   0    0   0    0   0    0   0   0    0   0    0    0    0    0
 [17]   0   0   0    0   0    0   0    0   0   0    0   0    0    0    0    0
 [33]   0   0   0    0   0    0   0    0   0   0    0   0    0    0    0    0
 [49]   0   0   0    0   0    0   0    0   0   0    0   0    0    0    0    0
 [65]   0   0   0    0   0    0   0    0   0   0    0   0    0    0    0    0
 [81]   0   0   0    0   0    0   0    0   0   0    0   0    0    0    0    0
 [97]   0   0   0    0   0    0   0    0   0   0    0   0    0    0    0    0
[113]   0   0   0    0   0    0   0    0   0   0    0   0    0    0    0    0
[129]   0   0   0    0   0    0   0    0   0   0    0   0    0    0    0    0
[145]   0   0   0    0   0    0   0    0   0   0    0   0    0    0    0    0
[161]   0   0   0    0   0    0   0    0   0   0    0   0    0    0    0    0
[177]   0   0   0    0   0    0   0    0   0   0    0   0    0    0    0    0
[193]   0   0   0    0   0    0   0    0   0   0    0   0    0    0    0    0
[209]   0   0   0    0   0    0   0    0   0   0    0   0    0    0    0    0
[225]   0   0   0    0   0    0   0    0   0   0    0   0    0    0    0    0
[241]   0   0   0    0   0    0   0    0   0   0    0   0   74  356    7    9
[257] 199  12  11   61 145   31  22  399  79 145    1 133    3    1   28  203
[273]  29   1 319    3  18  101 470   31  29   2   20   5   33  369  116  134
[289]   7   2  25   17 303    2   5  222 100  28    6   5
```

由以上输出可以得出以下观察结果：

● 文本文件 7 原有 314 个整数，现已减少到 300 个整数。请注意，该步骤删除了序列开头的 14 个整数。

● 文本文件 901 原有 48 个整数，现在有 300 个整数。这是通过在序列的开头添加零，人为地使整数总数达到 300 而实现的。

接下来，将训练数据划分为训练数据和验证数据，以便在拟合模型时训练和评估网络使用。

2. 数据分割

在训练模型时，使用 validation_split，它使用指定百分比的训练数据来评估验证误差。本例中的训练数据包含来自第一位作者的前 50 篇文章的数据，然后是第二位作者的 50 篇文章，依此类推。如果指定 validation_split 为 0.2，该模型将基于前 40 位作者的前 80%（或 2000 篇）的文章进行训练，后 10 位作者的后 20%（或 500 篇）的文章将用于评估验证误差。这将导致在模型训练中没有使用后 10 位作者的输入。为了解决此问题，使用以下代码将训练数据随机划分为训练和验证数据：

```
# Data partition
trainx_org <- trainx
testx_org <- testx
set.seed(1234)
ind <- sample(2, nrow(trainx), replace = T, prob=c(.8, .2))
trainx <- trainx_org[ind==1, ]
validx <- trainx_org[ind==2, ]
trainy <- trainy_org[ind==1]
validy <- trainy_org[ind==2]
```

由此可见，为了将数据划分为训练和验证数据，使用了 80:20 的分割。这里还用了 set.seed 函数实现复用。

在对训练数据进行分区后，将对标签进行独热编码，这有助于使用值 1 表示正确的作者，使用值 0 表示所有其他作者。

12.2.4　标签的独热编码

要对标签进行独热编码，可以使用以下代码：

```
# OHE
trainy <- to_categorical(trainy, 50)
validy <- to_categorical(validy, 50)
testy <- to_categorical(testy, 50)
```

这里使用 to_categorical 函数对响应变量进行独热编码。使用 50 来表示 50 个类的存在，因为这些文章是由 50 位作者撰写的，且计划使用他们撰写的文章作为输入进行分类。

现在，数据已经准备好，可以根据这些作者所写的文章，开发卷积循环神经网络模型，实现作者分类。

12.3　模型架构开发

本节将在同一网络中使用卷积层和 LSTM 层。卷积循环神经网络架构可以以简单流程图的形式表达，如图 12.2 所示。

　　该简单流程图包含嵌入层、一维卷积层、最大池化层、LSTM
层和密集层。请注意，嵌入层始终是网络的第一层，通常用于
涉及文本数据的应用。嵌入层的主要目的是找到每个唯一单词
的映射，在本例中是 500，并将其转换为更小的向量，该向量指
定为 output_dim。卷积层使用 relu 激活函数。类似地，用于 LSTM
和密集层的激活函数将分别为 tanh 和 softmax。

　　可以使用以下代码来开发模型架构，以及模型信息汇总的
输出：

图 12.2　卷积递归神经网络
架构的简单流程图

```
# Model architecture
model <- keras_model_sequential() %>%
        layer_embedding(input_dim = 500,
                        output_dim = 32,
                        input_length = 300) %>%
        layer_conv_1d(filters = 32,
              kernel_size = 5,
              padding = "valid",
              activation = "relu",
              strides = 1) %>%
        layer_max_pooling_1d(pool_size = 4) %>%
        layer_lstm(units = 32) %>%
        layer_dense(units = 50, activation = "softmax")
```

```
# Model summary
summary(model)
```

Layer (type)	Output Shape	Param #
embedding (Embedding)	(None, 300, 32)	16000
conv1d (Conv1D)	(None, 296, 32)	5152
max_pooling1d (MaxPooling1D)	(None, 74, 32)	0

| lstm (LSTM) | (None, 32) | 8320 |
| dense (Dense) | (None, 50) | 1650 |

```
=============================================================
Total params: 31,122
Trainable params: 31,122
Non-trainable params: 0
```

由以上代码可以得出以下观察结果：

● 已将 input_dim 指定为 500，这是数据准备过程中使用最频繁单词的数量。

● 对于 output_dim，这里使用 32，它表示嵌入向量的大小。但是请注意，也可以探索其他数字，这将在本章后面进行性能优化时探索。

● 对于 input_length，这里指定为 300，这是每个序列中的整数数量。

嵌入层之后，添加了一个带有 32 个过滤器的一维卷积层。在前几章中，在处理图像分类问题时使用了二维卷积层。本例有涉及序列的数据，在这种情况下，一维卷积层更合适。对于该层，指定了以下内容：

● 一维卷积窗口的长度 kernel_size 指定为 5。

● 使用 valid 作为填充，以表示不需要填充。

● 已将激活函数指定为 relu。

● 卷积的步长指定为 1。

卷积层之后是池化层。以下是池化层和后续层的一些说明：

● 卷积层用于提取特征，而卷积层之后的池化层用于下采样和检测重要的特征。

● 本例中将池化层大小指定为 4，这意味着输出（74）的大小是输入（296）的四分之一。这在模型信息汇总中可见。

● 下一层是具有 32 个单元的 LSTM 层。

● 最后一层是一个密集层，该层为 50 个作者提供 50 个单元，并使用 softmax 激活函数。

● softmax 激活函数使所有 50 个输出的总值为 1，因此允许将它们用作 50 个作者每个人的概率。

● 从模型信息汇总可见，该网络的参数总数为 31 122。

接下来将编译模型，然后对其进行训练。

12.4 模型的编译与拟合

本节将编译模型，然后使用训练和验证数据集以及 fit 函数训练模型。同时也将绘制在训练模型时获得的损失和准确率的图。

12.4.1 模型编译

为了编译模型，可以使用以下代码：

```
# Compile model
model %>% compile(optimizer = "adam",
        loss = "categorical_crossentropy",
        metrics = c("acc"))
```

这里指定了 adam 优化器。使用 categorical_crossentropy 作为损失函数，因为标签是基于 50 位作者的。指定作者分类的准确率作为指标。

现在模型已经编译好，可以进行训练模型了。

12.4.2 模型拟合

使用以下代码训练模型：

```
# Fitting the model
model_one <- model %>% fit(trainx, trainy,
        epochs = 30,
        batch_size = 32,
        validation_data = list(validx, validy))


# Loss and accuracy plot
plot(model_one)
```

在以上代码中，模型训练使用 trainx 作为输入，trainy 作为输出。该模型的训练进行了 30 个轮次，批量大小为 32。为了评估训练过程中每个轮次的验证损失和准确率，使用了 validx

和 validy，这是之前通过从训练数据中抽取大约 20%的随机样本而创建的。

基于 30 个轮次的各轮次训练和验证数据的损失和准确率存储在 model_one 中。图 12.3 所示为训练和验证数据（model_one）的损失和准确率图。

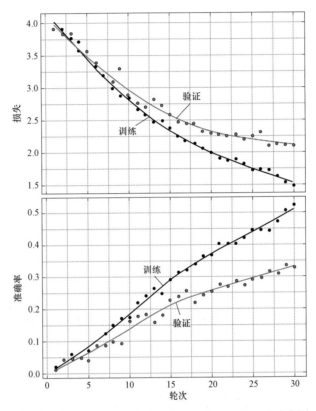

图 12.3　训练和验证数据（model_one）的损失和准确率图

由图 12.3 可以得出以下观察结果：

● 训练和验证数据的损失在第 1 到第 30 个轮次之间减少。但是，随着训练的进行，与训练数据的损失相比，验证数据的损失降低的速度较慢。

● 训练和验证数据的准确率在相反方向上呈现类似的模式。

● 增加训练期间的轮次数可能会改善损失和准确率。但是，两线之间的差异也可能会增加，从而有可能导致出现过拟合的情况。

接下来将评估 model_one，并使用训练和测试数据进行预测。

12.5 模型评价和预测

本节将基于训练和测试数据评价模型。本节将通过使用训练和测试数据的混淆矩阵来正确分类每个作者，获得准确率，以便获得更深入的见解。本节还将使用条形图来直观地显示识别每个作者的准确率。

12.5.1 基于训练数据的模型评价

首先，使用训练数据评价模型的性能。然后，用该模型预测代表 50 位作者的类。评价模型的代码如下：

```
# Loss and accuracy
model %>% evaluate(trainx, trainy)
$loss
[1] 1.45669
$acc
[1] 0.5346288
```

由此可见，使用训练数据得到的损失约为 1.457，准确率约为 0.535。接着，用该模型预测训练数据中文章的类别。然后，利用这些预测来获得代表 50 位作者的 50 个类的准确读数。实现代码如下：

```
# Prediction and confusion matrix
pred <- model %>%  predict_classes(trainx_org)
tab <- table(Predicted=pred, Actual=trainy_org)
(accuracy <- 100*diag(tab)/colSums(tab))
 0  1  2  3  4  5  6  7  8  9 10 11 12 13 14 15 16 17 18 19 20 21 22 23 24
82 40 30 10 54 46 54 82  8 56 46 36 76 18 52 90 50 56  8 66 80 24 30 46 32
25 26 27 28 29 30 31 32 33 34 35 36 37 38 39 40 41 42 43 44 45 46 47 48 49
46 88 62 22 64 76  2 74 88 72 74 76 86 70 60 86 38 32  0 48  6 24 76  8 22
```

在以上代码中，为了节省空间，没有打印混淆矩阵的输出，因为它是一个 50×50 的矩阵。但是，这里使用了混淆矩阵的信息，以通过根据每个作者所撰写的文章正确预测每个作者，得出模型的准确率。得到的结果如图 12.4 所示。

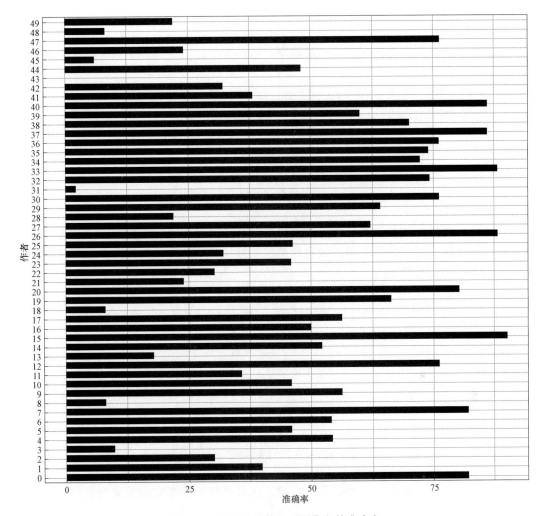

图 12.4　根据训练数据预测作者的准确率

图 12.4 所示的条形图提供了对作者分类模型的性能的进一步了解：

- 正确分类作者 15 的准确率最高，为 90%。
- 正确分类作者 43 的准确率最低，为 0%。
- 这个模型很难正确地对来自某些作者的文章进行分类，如那些标签为 3、8、18、31、43、45 和 48 的作者。

使用训练数据评估模型后，使用测试数据重复此过程。

12.5.2　基于测试数据的模型评价

用该模型从测试数据中获得损失和准确率，代码如下：

```
# Loss and accuracy
model %>% evaluate(testx, testy)
$loss
[1] 2.460835
$acc
[1] 0.2508
```

由以上代码可见，基于测试数据的损失和准确率分别为 2.461 和 0.251。不出所料，这两个结果都不如根据训练数据得到的结果。预测类别并计算每个作者的分类准确率将有助于提供进一步的见解，代码如下：

```
# Prediction and confusion matrix
pred1 <- model %>%   predict_classes(testx)
tab1 <- table(Predicted=pred1, Actual=testy_org)
(accuracy <- 100*diag(tab1)/colSums(tab1))
 0  1  2  3  4  5  6  7  8  9 10 11 12 13 14 15 16 17 18 19 20 21 22 23 24
22 28  2  2 28 14 14 20  6 28 24  8 28  8 46 84 14 36 10 50 40 12  4 22  4
25 26 27 28 29 30 31 32 33 34 35 36 37 38 39 40 41 42 43 44 45 46 47 48 49
18 54 38 12 34 46  0 52 26 48 40 26 84 46 18 24 26 10  0 46  0  4 38  0 10
```

混淆矩阵的信息存储在 tab1 中，用于求取正确分类每个作者文章的准确率。得到的结果如图 12.5 所示。

测试数据的总体准确率约为 25%，这表明基于测试数据的性能明显较差。这从图 12.5 中也可以看到。由图 12.5 还可以得出以下结论：

- 标签为 31、43、45 和 48 的作者，每个作者所撰写的 50 篇文章没有一篇被正确分类。
- 来自被标记为 15 和 38 的作者的 80%以上的文章被正确分类。

由这个示例可见，模型分类性能需要进一步改进。从训练和测试数据看到的性能差异也表明存在过拟合问题。因此，需要对模型架构进行更改，以获得一个不仅在分类性能方面有更高准确率，而且在训练和测试数据之间显示一致性能的模型。下一节将对此进行探讨。

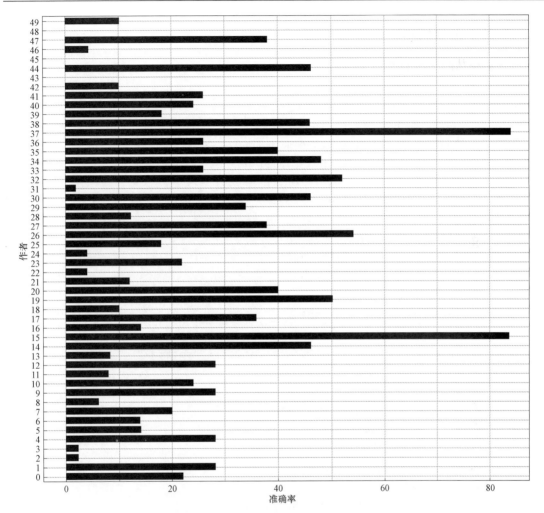

图 12.5　根据测试数据预测作者的准确率

12.6　性能优化提示与最佳实践

本节将探讨对模型架构和其他设置的更改，以提高作者分类性能。本节将进行两个实验，每个实验中使用最频繁的单词数量都从 500 增加到 1500，整数序列的长度从 300 增加到 400。对于这两个实验，还将在池化层之后添加一个暂弃层。

12.6.1　减小批量的实验

该实验使用的代码如下：

```
# Model architecture
model <- keras_model_sequential() %>%
        layer_embedding(input_dim = 1500,
                        output_dim = 32,
                        input_length = 400) %>%
        layer_conv_1d(filters = 32,
                kernel_size = 5,
                padding = "valid",
                activation = "relu",
                strides = 1) %>%
        layer_max_pooling_1d(pool_size = 4) %>%
        layer_dropout(0.25) %>%
        layer_lstm(units = 32) %>%
        layer_dense(units = 50, activation = "softmax")


# Compiling the model
model %>% compile(optimizer = "adam",
        loss = "categorical_crossentropy",
        metrics = c("acc"))


# Fitting the model
model_two <- model %>% fit(trainx, trainy,
        epochs = 30,
        batch_size = 16,
        validation_data = list(validx, validy))


# Plot of loss and accuracy
plot(model_two)
```

由以上代码可以得出以下观察结果：
- 通过指定 input_dim 为 1500 和 input_length 为 400，更新模型架构。
- 将拟合模型使用的批量从 32 减少到 16。

● 为了解决过拟合问题，添加了一个暂弃层，暂弃层比率为 25%。

● 所有其他设置保持与上一模型的相同。

基于 30 个轮次的各轮次的训练和验证数据的损失和准确率存储在 model_two 中。图 12.6 所示所示为训练和验证数据（model_two）的损失值和准确率图。

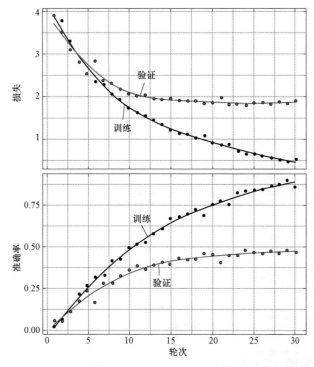

图 12.6　训练和验证数据（model_two）的损失和准确率图

图 12.6 表明，验证数据的损失和准确率在最后几个轮次内保持不变。但是，它们也不会恶化。接下来，将使用 evaluate 函数根据训练和测试数据获得损失和准确率，代码如下：

```
# Loss and accuracy for train data
model %>% evaluate(trainx, trainy)
$loss
[1] 0.3890106
$acc
[1] 0.9133034
# Loss and accuracy for test data
model %>% evaluate(testx, testy)
```

```
$loss
[1] 2.710119
$acc
[1] 0.308
```

由代码及输出可以观察到，与之前的模型相比，训练数据的损失和准确率显示出更好的结果。但是，对于测试数据，虽然准确率更好，但损失稍差。

对每位作者测试数据中的文章进行正确分类而获得的准确率如图 12.7 所示。

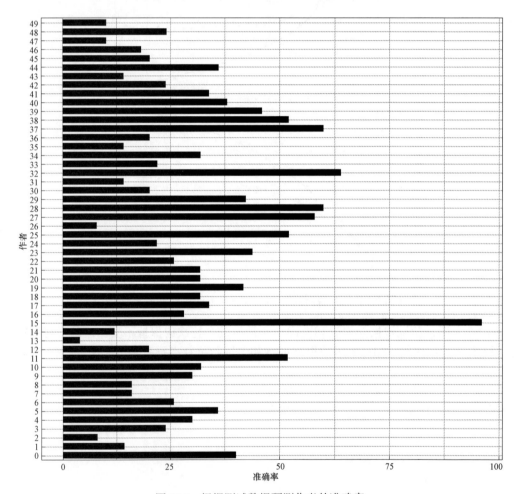

图 12.7　根据测试数据预测作者的准确率

由图 12.7 可以得出以下观察结果：

● 条形图直观地显示了相比之前模型的改进。

● 之前的模型，对于测试数据，有四位作者的文章没有被正确分类；但是现在，没有一位作者没有被正确分类。

下一个实验将研究可以做的更多的更改，以进一步提高作者的分类性能。

12.6.2　CNN 批量规模、核规模以及过滤器的实验

本实验使用的代码如下：

```
# Model architecture
model <- keras_model_sequential() %>%
        layer_embedding(input_dim = 1500,
                        output_dim = 32,
                        input_length = 400) %>%
        layer_conv_1d(filters = 64,
                kernel_size = 4,
                padding = "valid",
                activation = "relu",
                strides = 1) %>%
        layer_max_pooling_1d(pool_size = 4) %>%
        layer_dropout(0.25) %>%
        layer_lstm(units = 32) %>%
        layer_dense(units = 50, activation = "softmax")


# Compiling the model
 model %>% compile(optimizer = "adam",
        loss = "categorical_crossentropy",
        metrics = c("acc"))


# Fitting the model
model_three <- model %>% fit(trainx, trainy,
        epochs = 30,
        batch_size = 8,
        validation_data = list(validx, validy))
```

```
# Loss and accuracy plot
plot(model_three)
```

由以上代码可以得出以下观察结果：
- 已经将内核大小从 5 减少到 4。
- 已经将卷积层的过滤器数量从 32 增加到 64。
- 训练模型时的批量大小已由 16 减少到 8。
- 所有其他设置保持与前一模型的相同。

基于 30 个轮次的各轮次的训练和验证数据的损失和准确率存储在 model_three 中。图 12.8 所示为训练和验证数据（model_three）的损失值与准确率图。

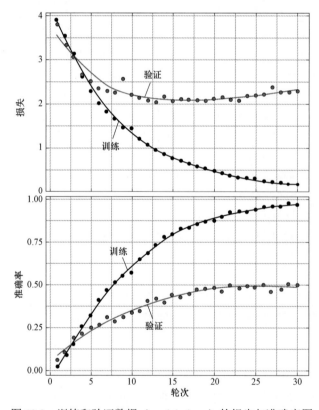

图 12.8　训练和验证数据（model_three）的损失与准确率图

图 12.8 所示的损失和准确率图显示：

● 验证数据的准确率在最后几个轮次内保持不变；而在最后几个轮次，训练数据的准确率则以相对较慢的速度增加。

● 基于验证数据的损失在最后几个轮次内开始增加，而训练数据的损失则持续减小。

现在，使用 evaluate 函数，根据训练和测试数据获得损失和准确率，代码如下：

```
# Loss and accuracy for train data
model %>% evaluate(trainx, trainy)
$loss
[1] 0.1093387
$acc
[1] 0.9880419


# Loss and accuracy for test data
model %>% evaluate(testx, testy)
[1] 3.262691
$acc
[1] 0.337
```

由以上代码及输出可以观察到以下情况：

● 与前两种模型相比，基于训练数据的损失和准确率有了改进。

● 对于测试数据，尽管损失比前两个模型更高，但约 34% 的准确率表明对作者文章分类的准确率更高。

图 12.9 所示的条形图显示了在测试数据中正确分类文章作者的准确率。

由图 12.9 可以观察到以下情况：

● 与前两个模型相比，正确分类每个作者文章的准确率表现出更好的性能，因为没有任何作者的准确率为零。

● 当使用测试数据比较至此所使用的三个模型时，可以看到第一个模型有四位作者被分类的准确率为 50% 或更高。但是，对于第二个和第三个模型，准确率为 50% 或更高的作者数量分别增加到 8 和 9。

本节进行了两个实验，表明该模型的作者分类性能可以进一步提高。

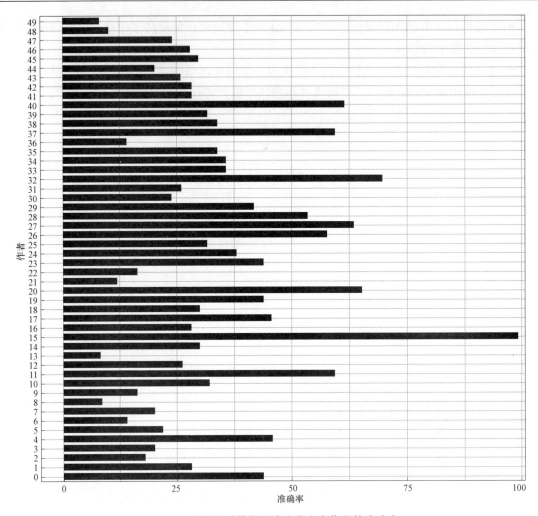

图 12.9　根据测试数据正确分类文章作者的准确率

12.7　本章小结

本章介绍了开发根据作者所撰写的文章分类作者的卷积循环神经网络的步骤。卷积循环神经网络将两个网络的优点结合在一个网络中。一方面，卷积神经网络可以捕获数据中的高层局部特征；另一方面，循环神经网络可以捕获涉及序列的数据中的长期依赖性。

首先，卷积循环神经网络使用一维卷积层提取特征。然后，将这些提取的特征传递给

LSTM 循环层，以获得隐藏的长期依赖关系，接着将这些依赖关系传递给完全连接的密集层。密集层根据文章中的数据获得每个作者正确分类的概率。虽然可以使用卷积循环神经网络来解决作者分类问题，但这种类型的深度学习网络可以应用于涉及序列的其他类型的数据，如自然语言处理、语音和视频相关问题。

下一章是本书的最后一章，将介绍提示、技巧和展望。为不同类型的数据开发深度学习网络既是艺术也是科学。每一个应用都会带来新的挑战，以及学习和提高技能的机会。下一章将总结一些在某些应用中非常有用的经验，这些经验有助于节省大量时间，以获得性能良好的模型。

第五部分 未来展望

本部分讨论将深度学习技术付诸实践的展望以及相关提示和技巧。

本部分包含以下章节：

- 第 13 章　提示、技巧和展望。

第 13 章　提示、技巧和展望

本书介绍了如何应用各种深度学习网络来开发预测和分类模型。本章介绍的一些提示和窍门是针对某些应用领域的,有助于让开发的模型具有更好的预测或分类性能。

本章将总结、回顾一些将深度学习方法应用于新数据和不同问题时可供参考的提示和技巧,总体涵盖四个主题。请注意,这些方法在前面的章节中并没有介绍,但在本章中将通过一些示例来说明它们的用法。

具体而言,本章涵盖以下主题:

- 基于 TensorBoard 的训练性能可视化。
- 基于 LIME 的深度学习网络模型可视化。
- 基于 tfruns 的模型训练可视化。
- 网络训练的早停。

13.1　基于 TensorBoard 的训练性能可视化

TensorBoard 是一个展示深度学习网络训练性能的有用工具,是 TensorFlow 软件包的组成部分。本节将重新运行在"第 2 章　多类分类问题的深度神经网络"中使用过的深度学习网络模型,当时使用心电图数据为患者开发了一个多类分类模型。有关数据处理、模型架构和模型编译的相关代码,请参阅"第 2 章　多类分类问题的深度神经网络"。

以下是第 2 章中 model_one 的代码:

```
# Fitting model and TensorBoard
setwd("~/Desktop/")
model_one <- model %>% fit(training,
                           trainLabels,
                           epochs = 200,
                           batch_size = 32,
                           validation_split = 0.2,
                           callbacks = callback_tensorboard('ctg/one'))
tensorboard('ctg/one')
```

由以上代码可以观察到以下情况：

● 在计算机桌面上已经设置了一个工作目录，用于存储模型训练的结果，以供 TensorBoard 进行可视化。

● 使用另外的功能回调拟合模型，具体使用 callback_tensorboard 函数将数据存储在计算机桌面上的 ctg/one 文件夹中，以便以后可视化。

● 请注意，ctg 目录是在安装模型时自动创建的。

● 使用 tensorboard 函数对存储在 ctg/one 文件夹中的数据进行可视化。

图 13.1 所示为 TensorBoard 系统的屏幕截图。

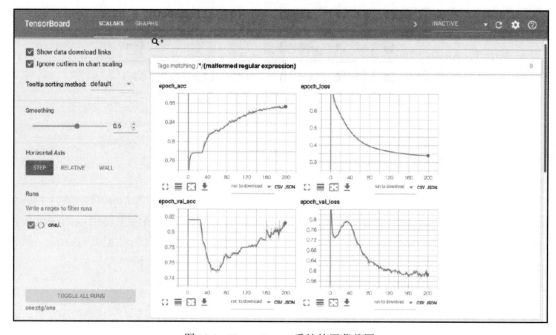

图 13.1　TensorBoard 系统的屏幕截图

图 13.1 展示了 200 个轮次的训练和验证数据的损失和准确率。这用于训练模型。TensorBoard 的可视化本质上是交互式的，为用户提供了额外的选项，以便他们能够在训练过程中探索和理解模型性能。

正如在本书所有章节介绍的各种深度学习方法的应用示例中所看到的，提高分类或预测模型的性能需要大量的实验。为了帮助进行此类实验，使用 TensorBoard 的一个关键好处是，它允许使用交互式可视化手段非常轻松地比较模型性能。

这里运行了"第 2 章 多类分类问题的深度神经网络"中的另外三个模型，并将模型训练数据存储在 ctg 文件夹的子文件夹 two、three 和 four 中。运行 TensorBoard 可视化的代码如下：

```
# TensorBoard visualization for multiple models
tensorboard(c('ctg/one', 'ctg/two', 'ctg/three', 'ctg/four'))
```

以上代码为所有四个模型创建了 TensorBoard 可视化。结果的 TensorBoard 系统屏幕截图如图 13.2 所示。

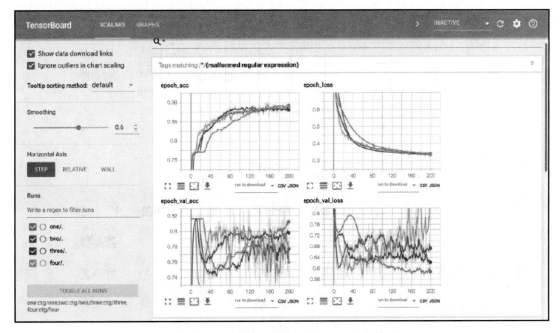

图 13.2 四个模型 TensorBoard 可视化的结果

图 13.2 展示了所有四个模型的训练和验证数据的损失和准确率。由图 13.2 可以得到以下观察结果：

- 四个模型的运行结果以不同颜色显示，以便快速识别它们并进行比较。
- 基于验证数据的损失和准确率显示，与训练数据相比，结果具有更高的可变性。
- TensorBoard 还提供了下载任何绘图或相关数据的选项。

选择用于深度学习网络的架构类型、轮次数量、批量大小以及其他感兴趣的模型相关属性时，带有不同参数值的模型可视化能力非常有用。如果需要，它还可以指出进一步实验的方向，并支持当前和过去结果的比较。

13.2　基于 LIME 的深度学习网络模型可视化

在本书至此所提供的应用示例中，每开发一个分类或预测深度学习网络模型，都进行了可视化以查看模型的总体性能。这些评估是使用训练和测试数据完成的。这种评估背后的主要思想是获得对模型性能的整体或全局理解。但是，有时希望对特定的预测有更深入的理解和解释。例如，可能有兴趣了解影响测试数据中特定预测的主要特征或变量。这种"局部"解释是一个称为局部可理解的模型无关解释（local interpretable model-agnostic explanations，LIME）包的焦点。LIMT 提供了关于每个预测更深入的见解。

利用 LIME 对在 Keras 中开发的模型进行可视化的代码如下：

```
# LIME package
library(lime)

# Using LIME with keras
model_type.keras.engine.sequential.Sequential <-
function(x, ...) {"classification"}
predict_model.keras.engine.sequential.Sequential <-
  function(x,newdata,type, ...) {p <- predict_proba(object=x,
x=as.matrix(newdata))
        data.frame(p)}

# Create explainer using lime
explainer <- lime(x = data.frame(training),
           model = model,
           bin_continuous = FALSE)

# Create explanation
explanation <- explain(data.frame(test)[1:5,],
             explainer = explainer,
             n_labels = 1,
```

```
                   n_features  = 4,
                   kernel_width = 0.5)
testtarget[1:5]
[1] 0 0 0 2 2
```

由以上代码可见，这里使用了两个函数，以便能够用 LIME 处理 Keras 模型。第一个函数指明将使用一个分类模型；第二个函数用来获得预测概率。本节将使用"第 2 章　多类分类问题的深度神经网络"中的 model_one。然后，使用 lime 函数处理训练数据和模型（即model_one），并将连续变量的组合指定为 FALSE。结果解释器则采用 explain 函数，其中指定要用的标签数量为 1，每个病例要用的最重要特征的数量为 4。内核宽度指定为 0.5。还可以看到，测试数据中的前三个患者的类标记为 0，表明他们属于正常患者类别。同样，测试数据中的第 4 名和第 5 名患者被标记为 2，表明他们属于病理患者类别。

图 13.3 所示为使用 plot_features（explanation）绘制的图。

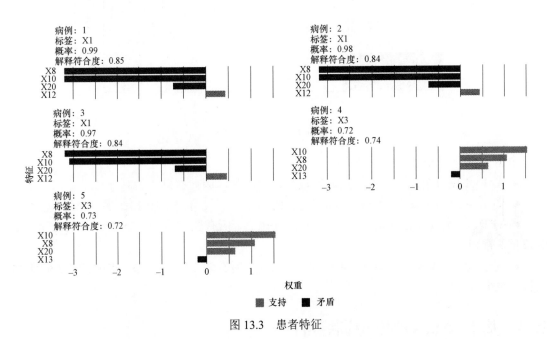

图 13.3　患者特征

图 13.3 提供了测试数据中前五名患者各自的特征图。由图 13.3 可以得出以下观察结果：
● 所有五名患者都被正确分类。
● 前三名患者被归为标记为 0 的类别，代表正常患者。

- 其余两名患者被归为 2 类，代表病理患者。
- 前三个病例的预测概率为 0.97 或以上，第四和第五个病例的预测概率为 0.72 或以上。
- 图 13.3 描述了四个最重要的、有助于对每个患者进行特定分类的特征。
- 带有蓝条的特征支持模型结论，而带有红条的特征与每个患者的模型结论相矛盾。
- X8、X10 和 X20 变量的值越高，似乎对归类为病理的患者的影响越大。
- X12 变量的值较高，似乎会影响被归类为正常的患者。

图 13.4 所示为使用 plot_explanations（explanation）绘制的热。

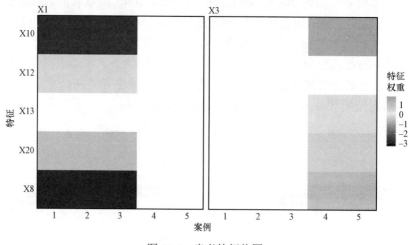

图 13.4   患者特征热图

由图 13.4 可以观察到以下结果：

- 图 13.4 使每个患者不同变量的比较变得更容易，因此有助于解释。
- 图 13.4 总结了案例、特征和标签组合的结果，但没有提供图 13.3 那么详细的信息。
- 对于 X1 类或标记为正常（1、2 和 3）的患者，所有四个特征（X8、X10、X12 和 X20）的权重非常相似。
- 对于 X3 类或标记为病理（4 和 5）的患者，所有四个特征（X8、X10、X13 和 X20）的权重也大致相同。

13.3   基于 tfruns 的模型训练可视化

当使用 Keras 运行深度学习网络模型时，可以利用 tfruns 可视化损失和准确率图，以及其他与模型相关的结论。尽管也有其他方法在需要时获得相关的图和结论，但使用 tfruns 的主要优势是，可以在一个地方获得所有这些内容。可以使用以下代码来实现这一点：

```
library(tfruns)
training_run("mlp_ctg.R")
```

在以上代码中，引用的 R 文件包含运行"第 2 章 多类分类问题的深度神经网络"中的 **model_one** 的代码。运行代码时，mlp_ctg.R 文件可以存储在计算机上。运行代码后，将自动显示如图 13.5 所示的交互式屏幕。

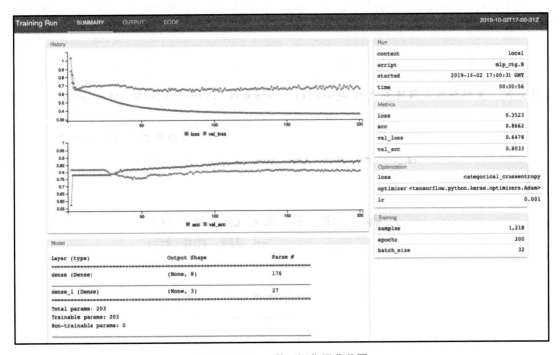

图 13.5 tfruns 的可视化屏幕截图

图 13.5 提供了以下内容：
- 训练和验证数据的损失和准确率的交互图。
- 基于模型架构的模型信息汇总。
- 运行的相关信息，包括完成所有轮次所需的时间。
- 基于训练和验证数据的准确率和损失的数字汇总。
- 使用的样本、轮次数和指定的批量大小。

13.4　网络训练的早停

　　训练一个网络，要预先指定需要的轮次数，但并不知道实际需要多少轮次。一方面，如果指定的轮次数比实际需要的少，就必须通过指定更多的轮次，重新训练网络。另一方面，如果指定的轮次比实际需要的多，那么这可能会导致出现过拟合的情况，这时可能必须要通过减少轮次数量，重新训练网络。对于每个轮次都需要很长时间才能完成的应用，这种试错方法可能非常耗时。这种情况下，可以利用回调，在适当的时候停止网络训练。

　　为了说明这个问题，使用"第 2 章　多类分类问题的深度神经网络"中的心电图数据开发一个分类模型，代码如下：

```
# Training network for classification with CTG data (chapter-2)
model <- keras_model_sequential()
model %>%
  layer_dense(units = 25, activation = 'relu', input_shape = c(21)) %>%
  layer_dense(units = 3, activation = 'softmax')
model %>% compile(loss = 'categorical_crossentropy',
                  optimizer = 'adam',
                  metrics = 'accuracy')
history <- model %>% fit(training,
                         trainLabels,
                         epochs = 50,
                         batch_size = 32,
                         validation_split = 0.2)
plot(history)
```

　　在以上代码中，已经指定轮次数为 50。一旦训练过程完成，便可以绘制训练和验证数据的损失和准确率图，如图 13.6 所示。

　　由图 13.6 可以观察到以下情况：

- 验证数据的损失最初在前几个轮次内降低，然后开始增加。
- 在前几个轮次后，训练和验证数据的损失显示出发散现象，并且趋向于相反的方向。
- 如果想更早地停止训练过程，而不是等待所有 50 个轮次都完成，那么可以利用 Keras 中提供的回调功能。

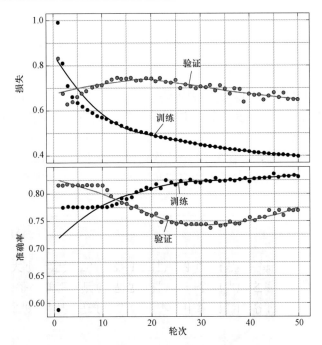

图 13.6　训练和验证数据的损失与准确率

下列代码包括训练网络时 fit 函数中的回调功能：

```
# Training network with callback
model <- keras_model_sequential()
model %>%
  layer_dense(units = 25, activation = 'relu', input_shape = c(21)) %>%
  layer_dense(units = 3, activation = 'softmax')
model %>% compile(loss = 'categorical_crossentropy',
                  optimizer = 'adam',
                  metrics = 'accuracy')
history <- model %>% fit(training,
                  trainLabels,
                  epochs = 50,
                  batch_size = 32,
                  validation_split = 0.2,
                  callbacks = callback_early_stopping(monitor =
```

```
"val_loss",
                                              patience = 10))
plot(history)
```

在以上代码中，加入了早停以便实现回调：

● 用于监控的指标是验证损失。这种情况下可以尝试的另一个指标是验证准确率，因为正在开发的是一个分类模型。

● 容忍度指定为 10，这意味着在 10 个轮次内没有改进时，训练过程将自动停止。

损失和准确率图也有助于确定适当的容忍度。图 13.7 所示为实现早停的损失和准确率图。

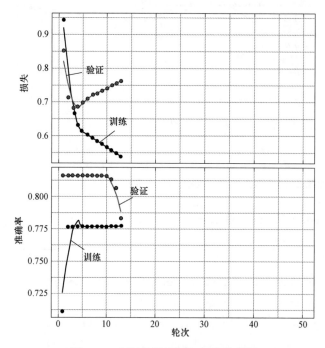

图 13.7　实现早停的损失与准确率图

可图 13.7 见，这次训练过程并没有运行 50 个轮次，而是在 10 个轮次内损失没有改善时，训练过程就立即停止了。

13.5　本章小结

利用深度学习网络开发分类和预测模型需要进行大量实验，以获得具有高质量性能的模型。为了帮助完成这一过程，有多种方法可用于可视化和控制网络训练。本章讨论了四种这样有用的方法。TensorBoard 提供了一个工具，在使用不同的架构和模型的其他更改对网络进行训练后，可以将其用于评估和比较模型性能。使用 TensorBoard 的优势在于，它以用户友好的方式将所有必要的信息集中在一起。在某些情况下，可能希望了解在使用分类或预测模型时，特定预测的主要特征或变量是如何受到影响的。此时，可以采用 LIME 对主要功能将产生的影响进行可视化。

本章介绍的另一个有用技巧是借助 tfruns 进行可视化。在开发深度学习网络模型时，会遇到与特定模型相关的各种图和信息汇总。使用 tfruns，可以在交互式屏幕的帮助下将所有信息可视化展示在一处。另外一个未来非常有用的提示或技巧是，在已经开发出合适的分类或预测模型的情况下，使用回调自动停止训练过程。本章讨论的所有方法未来都将非常有用，尤其是当处理复杂且具有挑战性问题的时候。

本书贡献者

作者简介

Bharatendra Rai 是麻省大学达特茅斯分校（UMass Dartmouth）查尔顿商学院商业分析专业的首席教授和技术管理硕士课程的主任。他在底特律韦恩州立大学（Wayne State University）获得工业工程博士学位。他获得了印度统计研究所（Indian Statistical Institute）的质量、可靠性和 OR 硕士学位。他目前的研究兴趣包括机器学习和深度学习应用。他在 YouTube 上的深度学习讲座视频浏览者遍布 198 个国家。他在软件、汽车、电子、食品、化工等行业拥有 20 多年的咨询和培训经验，涉及数据科学、机器学习和供应链管理等领域。

审阅人简介

Herbert Ssegane 是美国 Oshkosh 公司的 IT 数据科学家，在机器学习、深度学习、统计分析和环境建模方面拥有丰富的经验。他曾参与过气候公司（The Climate Corporation）、孟山都（现在的拜耳）、阿贡国家实验室（Argonne National Laboratory）和美国林业局（the U. S. Forest Services）等的多个项目。他拥有美国雅典乔治亚大学（the University of Georgia）生物与农业工程博士学位。

Packet 正在寻找和你一样的作者

如果你有兴趣成为 Packet 的作者，请访问 authors.packtpub.com 立刻申请。我们已经与上千位和你一样的开发人员、专业技术人员友好合作，帮助他们与全球科学技术界分享自己的真知灼见。你可以提出一般申请，申请某个我们正在寻找作者的热门话题，或者向我们提交你自己的想法。